邹宗峰 孙旭生 于旭红 主编

烟台苹果

新品种原色图谱及配套栽培技术

化学工业出版社
·北京·

内容简介

苹果产业是烟台农业的品牌支柱产业，发展水平在全省、全国长期保持领先地位。随着新育种技术在苹果上的应用，培育出一系列性状优良的新品种、新品系，满足了苹果产业更新换代的多元化需求。目前，我国面临农业供给侧结构调整和乡村振兴的深入推进，各苹果产区正在掀起新一轮的产业革命，推进苹果产业高质量发展成为产业转型升级、农民增收致富的重大举措，而新品种的选择和新技术的应用尤为重要。本书详细介绍了苹果新品种的选育过程、农艺性状、品种特性、适宜推广区域和栽培技术要点，同时也增加了图片对比介绍和配套栽培技术讲解，技术性、实用性较强，可为新植和老旧果园更新改造品种选择和技术管理提供参考。

本书可供广大果农、果树专业技术人员、果树教学和研究工作者阅读，主要用于规范品种的科学选择和管理。苹果相关新品种、新技术的推广应用，能不断提高苹果产业发展的质量效益和竞争力，更好满足城乡居民多样化的消费需求。

图书在版编目（CIP）数据

烟台苹果新品种原色图谱及配套栽培技术/邹宗峰，孙旭生，于旭红主编. —北京：化学工业出版社，2022.5

ISBN 978-7-122-40963-8

Ⅰ.①烟… Ⅱ.①邹…②孙…③于… Ⅲ.①苹果－果树园艺－图集 Ⅳ.①S661.1-64

中国版本图书馆CIP数据核字（2022）第042735号

责任编辑：毕小山　　文字编辑：蒋丽婷
责任校对：杜杏然　　装帧设计：刘丽华

出版发行：化学工业出版社（北京市东城区青年湖南街13号　邮政编码100011）
印　　装：涿州市般润文化传播有限公司
710mm×1000mm　1/16　印张$12\frac{1}{2}$　字数215千字　2022年6月北京第1版第1次印刷

购书咨询：010-64518888　　售后服务：010-64518899
网　　址：http://www.cip.com.cn
凡购买本书，如有缺损质量问题，本社销售中心负责调换。

定　　价：98.00元

编写人员名单

主　编： 邹宗峰　孙旭生　于旭红

副主编： 隋秀奇　牟盛茂　杨福丽　周瑞军　乔晓明　赵云福　李明晶

参　编： 李安东　王丽敏　林　倩　张宗东　曲美娜　王　贵　杨丽娟　孙美芝　江文滨　张　艳　李佼倩　王宝臻　杨玉霞　宋兆本　刘　环　吕洪国　邹建强　夏振龙　张洪立　江文滨　王利平　成　强　于　凯　郭　雪　林　强　鲁志弘　郝传浩　王　磊　牟悦龙　程雪梅　李云民　于云政　胡保明　蒋晓明　姜瑞波　王　平　宋永果　林传清　王继秋　林文彬　柳春杰　刘虹君

前言

近年来，烟台苹果新品种选育工作取得了长足发展。作为传统的苹果产业强市，在苹果新品种选育与推广工作中，烟台走在了全国前列。按照第三次全国农作物种质资源普查与收集行动的统一规划，2020 年烟台市启动了普查搜集工作。普查人员在普查工作中，获得了大量苹果新品种原始数据和第一手资料。编者通过对原始数据进行分析筛选，在广泛咨询国内同行专家的基础上，对苹果新品种进行了分类撰写。

本书涉及的品种较多，基本涵盖了我国当前栽培的大部分苹果品种，内容包括新品种名称、品种来源、特征特性、适宜推广区域及季节、栽培技术要点、注意事项、标准图片等。在品种介绍的同时也增加了配套栽培技术的讲解，技术性、实用性较强，可作为苹果新品种新技术示范推广、助力乡村振兴的参考书。

由于时间仓促，水平有限，书中难免存在疏漏之处，欢迎指正。

编者

2021 年 11 月

目录 CONTENTS

第一章 晚熟品种

第一章

晚熟品种

第一节

烟富1

↑ 图1.1 **烟富1结果树**

登记编号： GPD 苹果（2018）370038
品种来源： 芽变选种，从长富2号果园中选出
登记单位： 山东烟富农业科技有限公司

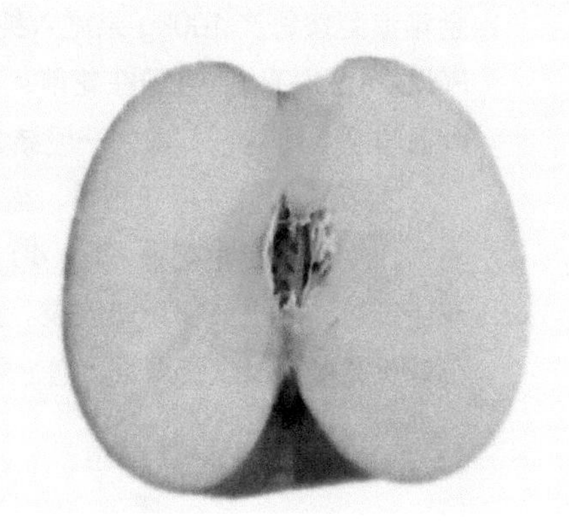

↑ 图 1.2　烟富 1 果实横切面
→ 图 1.3　烟富 1 果实纵切面

一、特征特性

鲜食。树冠中大、紧凑，树势中庸偏旺，干性较强，枝条粗壮，短枝性状稳定。营养枝中，长、中枝所占比例较低，短枝所占的比例较高。以短果枝结果为主，有腋花芽结果的习性。易成花结果，果个大，丰产性好，异花授粉坐果率高，果台枝的抽生能力强。一般第 3 年开始结果，连续结果能力较强，花序自然坐果率较高。果实大型，平均单果重 318g；果形圆至近长圆形，周正，果形指数为 0.85 ~ 0.89；树冠上下内外着色均好，属片红系，全红果比例为 74% ~ 76%；着色指数为 93.6% ~ 94.8%，色泽浓红艳丽，光泽美观；果肉淡黄色，肉质爽脆，汁液多，风味香甜。硬度为 8.6 ~ 9.0kg/cm^2，可溶性固形物含量为 15.1% ~ 15.3%，可滴定酸含量为 0.15%。对轮纹病抗性较差，比较抗白粉病、早期落叶病。抗旱能力较强。第 1 生长周期亩产 2910kg（1 亩 ≈ 666.67m^2），比对照长富 2 号增产 219.4%；第 2 生长周期亩产 4152kg，比对照长富 2 号增产 37.3%。

二、栽培技术要点

① 建园　选择有灌溉条件、土壤肥沃的地区栽培，山区栽培应采取覆草等保墒措施，确保树体生长量。适宜的栽植株行距为 3m×4m。授粉树可选用嘎拉、元帅系、千秋等。

② 整形修剪　树形采用纺锤形或细长纺锤形。幼树采取“一年定干，二年重剪，三年拉枝代剪，四年成形挂果，五年丰产”的栽培技术。夏季修剪时抹除竞争枝、背上枝，短截斜生枝，促发短果枝；冬季修剪以疏枝为主，调整树体结构，保持合理枝量。

③ 肥水管理　幼树在每年的前期每株追施尿素 0.5kg、过磷酸钙 1kg。全年追肥按每产 100kg 果施入纯氮 1kg、磷 0.8kg、钾 1kg，每亩施基肥 3000 ~ 5000kg。追肥在花前、花后、幼果膨大期、采果前 1 个月施入。叶面喷肥全年 4 ~ 5 次，一般结合果园喷药进行。

④ 花果管理　成花容易，坐果率高，应及时疏花疏果，每隔 20cm 左右留 1 个果。在谢花后 30 ~ 40 天，对全园果实进行套袋，果袋选用优质双层纸袋，不提倡使用塑膜袋。摘袋后要及时摘叶、疏枝、转果，并在树下铺反光膜，以改善光照，增进果实着色。

三、适宜种植区域及季节

适宜在山东、山西、河南、河北、陕西、云南、贵州、新疆苹果产区春季栽植。

四、注意事项

注意防治红蜘蛛、金纹细蛾、苹果轮纹病、白粉病、斑点落叶病、褐斑病等，要特别重视枝干轮纹病的防治。

第二节

烟富 2

↑ 图 1.4　烟富 2 结果树

登记编号： GPD 苹果（2018）370037
品种来源： 芽变选种，从长富 2 号果园中选出
登记单位： 山东烟富农业科技有限公司

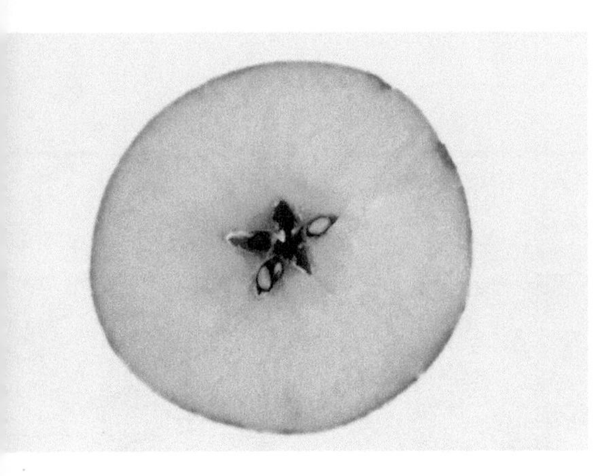

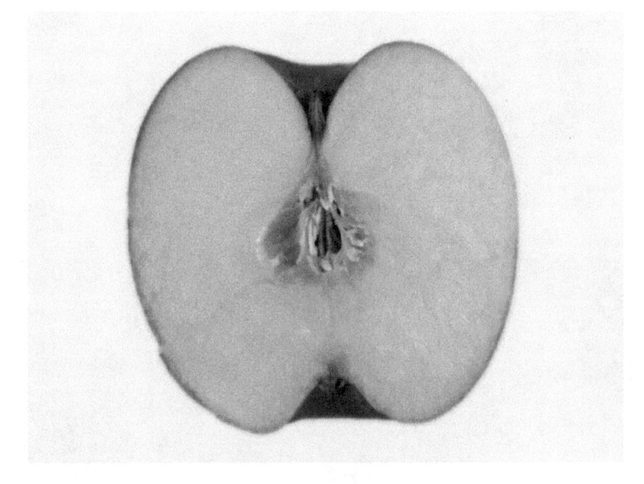

↑ 图 1.5　烟富 2 果实横切面
→ 图 1.6　烟富 2 果实纵切面

一、特征特性

鲜食。树冠中大、紧凑，树势中庸偏旺，干性较强，枝条粗壮，短枝性状稳定。营养枝中，长、中枝所占比例较低，短枝所占的比例较高。以短果枝结果为主，有腋花芽结果的习性。易成花结果，果个大，丰产性好，异花授粉坐果率高，果台枝的抽生能力强。一般第 3 年开始结果，连续结果能力较强，花序自然坐果率较高。果实大型，平均单果重 250 ~ 304g；果形圆至近长圆形，周正，果形指数为 0.85 ~ 0.89；树冠上下内外着色均好，属片红系，全红果比例为 74% ~ 76%；着色指数为 93.6% ~ 94.8%，色泽浓红艳丽，光泽美观；果肉淡黄色，肉质爽脆，汁液多，风味香甜。硬度为 8.6 ~ 9.0kg/cm^2。外观质量明显优于长富 2 号、长富 1 号，内质与其相仿。可溶性固形物含量 15.2%，可滴定酸含量 0.15%。对轮纹病抗性较差，比较抗白粉病、早期落叶病。对气候、土壤的适应性强，适栽区广，很少有生理落果和采前落果。第 1 生长周期亩产 1122kg，比对照长富 2 号增产 23.1%；第 2 生长周期亩产 4321kg，比对照长富 2 号增产 42.9%。

二、栽培技术要点

① 建园　选择有灌溉条件、土壤肥沃的地区栽培，山区栽培应采取覆草等保墒措施，确保树体生长量。适宜的栽植株行距为 3m×4m。授粉树可选用嘎拉、元帅系、千秋等。

② 整形修剪　树形采用纺锤形或细长纺锤形。幼树采取“一年定干，二年重剪，三年拉枝代剪，四年成形挂果，五年丰产”的栽培技术。夏季修剪时抹除竞争枝、背上枝，短截斜生枝，促发短果枝；冬季修剪以疏枝为主，调整树体结构，保持合理枝量。

③ 肥水管理　幼树在每年的前期每株追施尿素 0.5kg、过磷酸钙 1kg。全年追肥按每产 100kg 果施入纯氮 1kg、磷 0.8kg、钾 1kg，每亩施基肥 3000 ~ 5000kg。追肥在花前、花后、幼果膨大期、采果前 1 个月施入。叶面喷肥全年 4 ~ 5 次，一般结合果园喷药进行。视土壤墒情适时灌水。

④ 花果管理　成花容易，坐果率高，应及时疏花疏果，每隔 20cm 左右留 1 个果。在谢花后 30 ~ 40 天，对全园果实进行套袋，果袋选用优质双层纸袋，不提倡使用塑膜袋。摘袋后要及时摘叶、疏枝、转果，并在树下铺反光膜，以改善光照，增进果实着色。

三、适宜种植区域及季节

适宜在山东、山西、河南、河北、陕西、云南、贵州、新疆苹果产区春季栽植。

四、注意事项

注意防治红蜘蛛、金纹细蛾、苹果轮纹病、白粉病、斑点落叶病、褐斑病等，要特别重视枝干轮纹病的防治。

第三节

烟富4

↑ 图1.7 **烟富4结果树**

登记编号：GPD苹果（2018）370039
品种来源：芽变选种，从长富2号果园中选出
登记单位：山东烟富农业科技有限公司

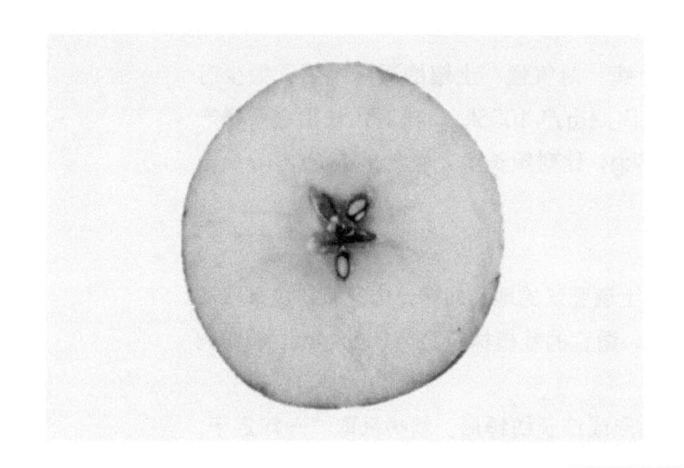

↑ 图 1.8 烟富 4 果实横切面
→ 图 1.9 烟富 4 果实纵切面

一、特征特性

鲜食。树冠中大，树势较旺，干性较强，枝条粗壮，树姿半开张。多年生枝赤褐色，皮孔中小、较密、圆形、凸起、白色。叶片中大，平均叶宽 4.6cm，长 7.6cm，多为椭圆形。叶片色泽浓绿，叶面平展，叶背茸毛较少，叶缘锯齿较钝，托叶小，叶柄长 2.1cm。花蕾粉红色，盛开后花瓣白色，花冠直径为 3.4cm，花粉中多。果实大型，平均单果重 262 ~ 302g，圆形至近长圆形，果桩较高，果形指数为 0.87 ~ 0.89。着色好，全红果比例达 70% ~ 78%，着色指数为 93% ~ 95.4%，色泽浓艳，富光泽，片红。果肉淡黄色，爽脆多汁，硬度为 7.5 ~ 7.9kg/cm^2，可溶性固形物含量为 14.3% ~ 15.5%，可滴定酸含量为 0.15%，味甜微酸，风味佳。果实发育期为 175 天，在烟台地区 10 月底成熟。烟富 4 有腋花芽结果的习性，更容易成花，早果性明显优于对照。田间表现对轮纹病抗性较差，比较抗白粉病、早期落叶病。对气候、土壤的适应性强，很少有生理落果和采前落果。第 1 生长周期亩产 1655kg，比对照长富 2 号增产 39.3%；第 2 生长周期亩产 5258kg，比对照长富 2 号增产 43.3%。

二、栽培技术要点

① 建园　选择有灌溉条件、土壤肥沃的地区栽培，山区栽培应采取覆草等保墒措施，确保树体生长量。适宜的栽植株行距为 3m×4m。授粉树可选用嘎拉、元帅系、千秋等。

② 整形修剪　树形采用纺锤形或细长纺锤形。幼树采取“一年定干，二年重剪，三年拉枝代剪，四年成形挂果，五年丰产”的栽培技术。夏季修剪时抹除竞争枝、背上枝，短截斜生枝，促发短果枝；冬季修剪以疏枝为主，调整树体结构，保持合理枝量。

③ 肥水管理　幼树在每年的前期每株追施尿素 0.5kg、过磷酸钙 1kg。全年追肥按每产 100kg 果施入纯氮 1kg、磷 0.8kg、钾 1kg，每亩施基肥 3000 ~ 5000kg。追肥在花前、花后、幼果膨大期、采果前 1 个月施入。叶面喷肥全年 4 ~ 5 次，一般结合果园喷药进行。

④ 花果管理　成花容易，坐果率高，应及时疏花疏果，每隔 20cm 左右留 1 个果。在谢花后 30 ~ 40 天，对全园果实进行套袋。摘袋后要及时摘叶、疏枝、转果，并在树下铺反光膜，以改善光照，增进果实着色。

三、适宜种植区域及季节

适宜在山东、山西、河南、河北、陕西、云南、贵州、新疆苹果产区春季栽植。

四、注意事项

注意防治红蜘蛛、金纹细蛾、苹果轮纹病、白粉病、斑点落叶病、褐斑病等，要特别重视枝干轮纹病的防治。

第四节

烟富 5

↑ 图 1.10 **烟富 5 果实**

登记编号： GPD 苹果（2018）370040
品种来源： 芽变选种，从长富 2 号果园中选出
登记单位： 山东烟富农业科技有限公司

→ 图 1.11 烟富 5 果实横切面

→ 图 1.12 烟富 5 果实纵切面

一、特征特性

鲜食。树冠中大、紧凑，树势中庸偏旺，干性较强，枝条粗壮，短枝性状稳定。营养枝中长、中枝所占比例较低，短枝所占的比例较高。树姿半开张，干性较强，枝条粗壮。多年生枝条赤褐色，皮孔中小。叶片平均长 8cm，宽 5cm，叶面平展，叶背茸毛较少，叶缘锯齿较钝，托叶小叶柄长 2cm。每个花序多为 5 朵花，花蕾粉红色，盛开后花瓣白色，花冠直径 3.20cm，花粉中多，开花较整齐。以短枝结果为主，有腋花芽结果的习性。结果期早，一般第 3 年开始结果，短枝连续结果能力较强，可抽生 1 ~ 2 个果台副梢，果台平均坐果 3.2 个，花序自然坐果率较高。萌芽率为 52.4%，短枝率为 70.6%，易成花。果实大型，平均单果重 311g，果型指数 0.89。色泽艳丽，富光泽，片红，着色好，全红果比例达 86%，平均着色指数 97.2%。果皮中厚，果面光滑，星点稀小，果肉淡黄色、多汁，肉质细脆、酸甜可口；可溶性固形物含量15.2%，可滴定酸含量0.15%，硬度9.8kg/cm^2。果实发育期170 ~ 180天，耐储运。对轮纹病抗性较差，比较抗白粉病、早期落叶病。对气候、土壤的适应性强，很少有生理落果和采前落果。第1生长周期亩产1597kg，比对照长富2号增产75.3%；第2生长周期亩产4454kg，比对照长富2号增产47.3%。

二、栽培技术要点

①建园　选择有灌溉条件、土壤肥沃的地区栽培，山区栽培应采取覆草等保墒措施，确保树体生长量。适宜的栽植株行距为3m×4m。授粉树可选用嘎拉、元帅系、千秋等。

②整形修剪　树形采用纺锤形或细长纺锤形。幼树采取“一年定干，二年重剪，三年拉枝代剪，四年成形挂果，五年丰产”的栽培技术。夏季修剪时抹除竞争枝、背上枝，短截斜生枝，促发短果枝；冬季修剪以疏枝为主，调整树体结构，保持合理枝量。

③肥水管理　幼树在每年的前期每株追施尿素0.5kg、过磷酸钙1kg。全年追肥按每产100kg果施入纯氮1kg、磷0.8kg、钾1kg，每亩施基肥3000 ~ 5000kg。追肥在花前、花后、幼果膨大期、采果前1个月施入。叶面喷肥全年4 ~ 5次，一般结合果园喷药进行。

④花果管理　成花容易，坐果率高，应及时疏花疏果，每隔20cm左右留1个果。在谢花后30 ~ 40天，对全园果实进行套袋。摘袋后要及时摘叶、疏枝、转果，并在树下铺反光膜，以改善光照，增进果实着色。

三、适宜种植区域及季节

适宜在山东、山西、河南、河北、陕西、云南、贵州、新疆苹果产区春季栽植。

四、注意事项

注意防治红蜘蛛、金纹细蛾、苹果轮纹病、白粉病、斑点落叶病、褐斑病等，要特别重视枝干轮纹病的防治。

第五节

烟富 6

↑ 图 1.13 **烟富 6 结果树**

登记编号： GPD 苹果（2018）370041
品种来源： 芽变选种，从惠民短枝富士果园中选出
登记单位： 山东烟富农业科技有限公司

↑ 图 1.14　烟富 6 果实横切面

→ 图 1.15　烟富 6 果实纵切面

一、特征特性

鲜食。树冠中大、紧凑，树势中庸偏旺，干性较强，枝条粗壮，短枝性状稳定。营养枝中，长、中枝所占比例较低，短枝所占的比例较高。树姿半开张，干性较强，枝条粗壮。多年生枝条赤褐色，皮孔中小。叶片平均长 8cm，宽 5cm，叶面平展，叶背茸毛较少，叶缘锯齿较钝，托叶小叶柄长 2cm。每个花序多为 5 朵花，花蕾粉红色，盛开后花瓣白色，花冠直径 3.20cm，花粉中多，开花较整齐。以短枝结果为主，有腋花芽结果的习性。结果期早，一般第 3 年开始结果，短枝连续结果能力较强，可抽生 1 ～ 2 个果台副梢，果台平均坐果 3.2 个，花序自然坐果率较高。萌芽率为 52.4%，短枝率为 70.6%，易成花。果实大型，平均单果重 311g，果型指数 0.89。色泽艳丽，富光泽，片红，着色好，全红果比例达 86%，平均着色指数97.2%。果皮中厚，果面光滑，星点稀小，果肉淡黄色、多汁，肉质细脆、酸甜可口；可溶性固形物含量15.2%，可滴定酸含量0.15%，硬度9.8kg/cm^2。果实发育期为170～180天，耐储运。对轮纹病抗性较差，比较抗白粉病、早期落叶病。对气候、土壤的适应性强，很少有生理落果和采前落果。第1生长周期亩产1881kg，比对照长富2号增产106.4%；第2生长周期亩产4130kg，比对照长富2号增产36.6%。

二、栽培技术要点

① 建园　选择有灌溉条件、土壤肥沃的地区栽培，山区栽培应采取覆草等保墒措施，确保树体生长量。适宜的栽植株行距为3m×4m。授粉树可选用嘎拉、元帅系、千秋等。

② 整形修剪　树形采用纺锤形或细长纺锤形。幼树采取“一年定干，二年重剪，三年拉枝代剪，四年成形挂果，五年丰产”的栽培技术。夏季修剪时抹除竞争枝、背上枝，短截斜生枝，促发短果枝；冬季修剪以疏枝为主，调整树体结构，保持合理枝量。

③ 肥水管理　幼树在每年的前期每株追施尿素0.5kg、过磷酸钙1kg。全年追肥按每产100kg果施入纯氮1kg、磷0.8kg、钾1kg，每亩施基肥3000～5000kg。追肥在花前、花后、幼果膨大期、采果前1个月施入。叶面喷肥全年4～5次，一般结合果园喷药进行。

④ 花果管理　成花容易，坐果率高，应及时疏花疏果，每隔20cm左右留1个果。在谢花后30～40天，对全园果实进行套袋。摘袋后要及时摘叶、疏枝、转果，并在树下铺反光膜，以改善光照，增进果实着色。

三、适宜种植区域及季节

适宜在山东、山西、河南、河北、陕西、云南、贵州、新疆苹果产区春季栽植。

四、注意事项

注意防治红蜘蛛、金纹细蛾、苹果轮纹病、白粉病、斑点落叶病、褐斑病等，要特别重视枝干轮纹病的防治。

第六节

烟富 7

↑ 图 1.16　**烟富 7 结果树**

登记编号： GPD 苹果（2018）370011
品种来源： 芽变选种，从秋富 1 号中选出
登记单位： 山东烟富农业科技有限公司

→ 图 1.17　烟富 7 果实横切面

→ 图 1.18　烟富 7 果实纵切面

一、特征特性

鲜食。树冠中大、紧凑，树势中庸偏旺，干性较强，枝条粗壮，短枝性状稳定。12 年生烟富 7（砧木为八棱海棠）干周长、树冠体积均小于对照品种烟富 6，萌芽率和短枝率均高于对照品种，营养枝当中，长枝和中枝所占的比例较低，短枝所占的比例较高；结果枝中，长果枝和中果枝所占的比例较低，短果枝所占的比例较高。以短果枝结果为主，有腋花芽结果的习性。果实大型，平均单果重 265g，长圆形，高桩，果形指数 0.89；色泽艳丽，富光泽，片红，着色好，全红果比例达 98% 以上，4 年平均着色指数 97.30%；套袋果脱袋后上色快，且长时间保持鲜艳色泽；果面光滑，果点稀小；果肉淡黄色，爽脆多汁，硬度 8.78kg/cm^2，可溶性固形物含量 14.73%，可滴定酸含量 0.15%，味甜微酸，风味佳；果实发育期为 170 ~ 180 天。在果实着色速度、果面光滑和星点稀小程度方面优于烟富 6，内在品质、丰产性等与烟富 6 相仿。抗苹果枝干轮纹病和苹果苦痘病，具有明显的短枝性状，果实着色快、着色指数高。第 1 生长周期亩产 1689kg，比对照烟富 6 增产 0.5%；第 2 生长周期亩产 3562kg，比对照烟富 6 增产 1.2%。

二、栽培技术要点

① 建园　园地选择在生态条件良好、交通便利、土层较深厚、具有可持续生产能力的农业生产区域。采用垄栽培方式，垄宽 2m、高 30 ~ 40cm；采用宽行密植模式，合理的行株距为 4m×（2.5 ~ 3）m，授粉树为鲁丽、维纳斯黄金。

② 土肥水管理　土壤采用免耕法管理，可覆盖麦秸、麦糠、玉米秸、干草等，或者行间种植长柔毛野豌豆、覆盖树盘，增加土壤有机质含量。秋季施入基肥，以农家肥为主，混加少量氮素化肥。每年追肥 3 次，叶面喷肥 4 ~ 5 次。视土壤墒情适时灌水，提倡沟灌、滴灌、喷灌。

③ 整形修剪　树形选用高纺锤形。苗木栽植翌年，在萌芽前与春梢停止生长后，全部枝条进行极重短截，促发新枝，在秋梢发生期对竞争枝进行极重短截。新建果园一律实行高定干，4 年生以内果树在保证整形效果的基础上，一律实行轻剪，以利于早结果、丰产。

三、适宜种植区域及季节

适宜在山东、山西、河南、河北、陕西、云南、贵州、新疆苹果产区春季栽植。

四、注意事项

注意防治红蜘蛛、金纹细蛾、苹果轮纹病、白粉病、斑点落叶病、褐斑病等，要特别重视枝干轮纹病的防治。

第七节

烟富 9

↑ 图 1.19 **烟富 9 结果树**

↑ 图 1.20　烟富 9 果实横切面

→ 图 1.21　烟富 9 果实纵切面

登记编号：GPD 苹果（2018）370047

品种来源：芽变选种，从秋富 1 号果园中选出

登记单位：山东烟富农业科技有限公司

一、特征特性

鲜食。树冠中大，树势中庸偏旺，干性较强，枝条粗壮，树姿半开张。一年生枝红褐色，多年生枝浅褐色，皮孔中小，较密，圆形，凸起，白色。叶片中大，平均叶宽 4.6cm，长 6.9cm，多为椭圆形。叶片色泽浓绿，叶面平展，叶背茸毛稍多，叶缘锯齿较钝，托叶小，叶柄长 2.1cm。花蕾粉红色，盛开后花瓣白色，花冠直径 3.2cm，花粉中多。果个大，正常负载量下平均单果重 225 ~ 350g，最大果重 450g。果实形状近圆形或长圆形，果形指数平均 0.9。果实着色全面浓红，着色类型为片红。果肉淡黄色，肉质致密、细脆，平均硬度 7.5kg/cm^2，果汁丰富。果实成熟期在 10 月底。腋花芽结果的习性明显，更容易成花，早果性优于烟富 3 号。可溶性固形物含量

15.0%，可滴定酸含量0.15%。对轮纹病抗性较差，比较抗炭疽病、早期落叶病，对气候、土壤的适应性强。第1生长周期亩产2684kg，比对照烟富3号增产1.3%；第2生长周期亩产3024kg，比对照烟富3号增产7.5%。

二、栽培技术要点

①对环境的要求　选择有灌溉条件、土壤肥沃的地区栽培，山区栽培应采取覆草等保墒措施，确保树体生长量。

②栽植密度　适宜的栽植株行距为：(3～4)m×(4～5)m。授粉树可选用嘎拉、元帅系、千秋等。

③树形及修剪　树形采用纺锤形或细长纺锤形。幼树采取“一年定干，二年重剪，三年拉枝代剪，四年成形挂果，五年丰产”的栽培技术。即栽后第1年于苗木1m处定干；第2年春对发出的枝条留3～5个芽进行重短截，促发长条作为主枝培养；第3年春将长度1m以上的主枝全部开张成80°～90°，中心干延长头剪去1/4～1/5，并在其上每隔20cm不同方位刻芽培养主枝；第4年树高达到3m左右，第1层主枝开始结果；第5年每亩产量1250～1500kg。夏季修剪时抹除竞争枝、背上枝，短截斜生枝，促发短果枝；冬季修剪以疏枝为主，调整树体结构，保持合理枝量。

④肥水管理　全年施肥量按每产100kg果施入纯氮1kg、磷0.8kg、钾1kg、基肥250～300kg。追肥在花前、花后、幼果膨大期、采果前1个月施入，基肥在秋季采果后一次性施足。叶面喷肥全年4～5次，一般结合果园喷药进行，以补充果树生长发育所需的硼、钙、锌、铁等中微量元素为主。视土壤墒情适时灌水，灌水遵循“春早、夏巧、秋控、冬饱”的原则。

三、适宜种植区域及季节

适宜在山东、山西、河南、河北、陕西、云南、贵州、新疆苹果产区春季种植。

四、注意事项

注意防治红蜘蛛、金纹细蛾、苹果轮纹病、白粉病、斑点落叶病、褐斑病等，要特别重视枝干轮纹病的防治。

第八节

烟富 10

↑ 图 1.22　烟富 10 结果树

登记编号： GPD 苹果（2018）370012
品种来源： 芽变选种，从烟富 3 号果园中选出
登记单位： 山东烟富农业科技有限公司

↑ 图 1.23　烟富 10 横切图
→ 图 1.24　烟富 10 纵切图

一、特征特性

鲜食。树冠中大，树势中庸偏旺，干性较强，枝条粗壮，树姿半开张。多年生枝赤褐色，皮孔中小，较密，圆形，凸起，白色。叶片中大，平均叶宽 5.2cm、长 7.9cm，多为椭圆形，叶片色泽浓绿，叶面平展，叶背茸毛较少，叶缘锯齿较钝，托叶小，叶柄长 2.2cm；花蕾粉红色，盛开后花瓣白色，花冠直径 3.2cm，花粉中多。果实长圆形，果形指数平均 0.9，高桩端正；果个大，平均单果重 326g；果实着色全面浓红，着色类型为片红，颜色艳丽；果肉淡黄色，肉质致密、细脆，平均硬度 9.1kg/cm^2；汁液丰富，10 月下旬果实成熟，幼树长势较旺，萌芽率高，成枝力较强，成龄树树势中庸，新梢中短截后分生 4 ~ 6 个侧枝。以短果枝结果为主，有腋花芽结果的习性，易成花结果。花芽比对照大而饱满，果个大，丰产性好。乔砧树 4 ~ 5 年开始结果，矮砧树 3 年开始结果，5 年后进入盛果期。对授粉品种无严格选择性，异花授粉坐果率高，花序坐果率可达 80% 以上。果台枝的抽生能力比烟富 3 号强，连续结果能力较强，可连续结果 2 年的占 45.7%，大小年结果现象比烟富 3 号程度轻。在果实着色速度、果面光滑和星点稀小程度方面优于烟富3号。可溶性固形物含量15.0%，可滴定酸含量0.15%。对轮纹病抗性较差，比较抗炭疽病、早期落叶病。在适应性和抗逆性方面，烟富10对气候、土壤的适应性强，适栽区广，在烟台各县市区生长和结果均表现良好，优质丰产，果实着色好，果面洁净，色泽艳丽，商品果率高，很少有生理落果和采前落果。第1生长周期亩产1560kg，比对照烟富3号增产12.3%；第2生长周期亩产3980kg，比对照烟富3号增产11.8%。

二、栽培技术要点

① 建园　园地选择在生态条件良好、土层较深厚、具有可持续生产能力的农业生产区域。园区环境符合农产品安全质量无公害水果产地环境要求。科学规划园区定植走向、设施安装，确定合理株行距，采用宽行密植模式，株行距为（2.5～3）m×4m，建议配置授粉树为鲁丽或者维纳斯黄金。

② 整形修剪　树形采用纺锤形或细长纺锤形。幼树采取“一年定干，二年重剪，三年拉枝代剪，四年成形挂果，五年丰产”的栽培技术。即栽后第1年于苗木1m处定干；第2年春对发出的枝条留3～5个芽进行重短截，促发长条作为主枝培养；第3年春将长度1m以上的主枝全部开张成80°～90°，中心干延长头剪去1/4～1/5，并在其上每隔20cm不同方位刻芽培养主枝；第4年树高达到3m左右，第1层主枝开始结果；第5年每亩产量1250～1500kg。夏季修剪时抹除竞争枝、背上枝，短截斜生枝，促发短果枝；冬季修剪以疏枝为主，调整树体结构，保持合理枝量。

③ 肥水管理　全年施肥量按每产100kg果施入纯氮1kg、磷0.8kg、钾1kg、基肥250～300kg。追肥在花前、花后、幼果膨大期、采果前1个月施入，基肥在秋季采果后一次性施足。叶面喷肥全年4～5次，一般结合果园喷药进行，以补充果树生长发育所需的硼、钙、锌、铁等中微量元素为主。视土壤墒情适时灌水，灌水遵循“春早、夏巧、秋控、冬饱”的原则。

三、适宜种植区域及季节

适宜在山东、山西、河南、河北、陕西、云南、贵州、新疆苹果产区春季栽植。

四、注意事项

注意防治红蜘蛛、金纹细蛾、苹果轮纹病、白粉病、斑点落叶病、褐斑病等，要特别重视枝干轮纹病的防治。

第九节

宋富一号

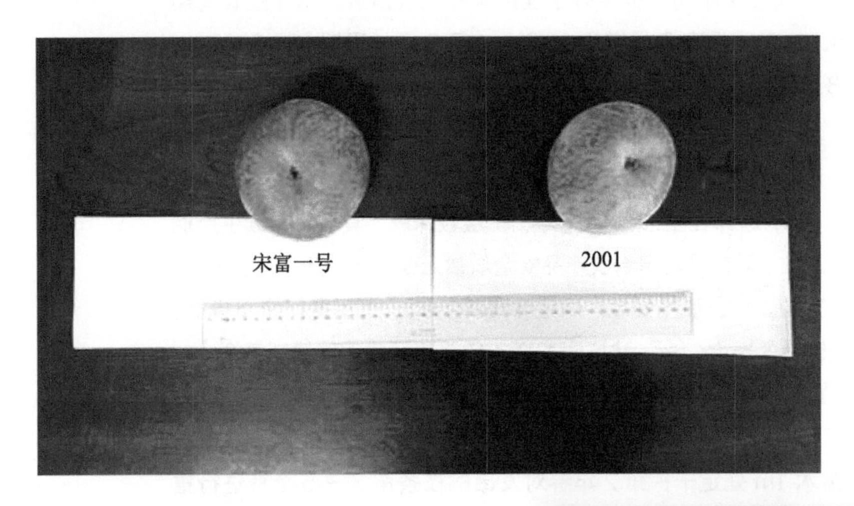

↑ 图 1.25　宋富一号与 2001 对比
→ 图 1.26　宋富一号果实切面

登记编号：GPD 苹果（2021）370014
品种来源：2001 富士芽变选育
登记单位：莱州大自然园艺科技有限公司

一、特征特性

鲜食。分枝型，树姿开张，树势中。花蕾颜色粉红，花瓣形状卵圆形，重瓣性无，成枝力强。连续结果能力强。生理落果程度轻，采前落果程度轻。果实形状长圆形，着色程度为全面着色，着色类型为条红。果实成熟时果面有蜡质，无果粉，果面平滑，无棱起。果点小，密度疏，果实成熟时心室占整个果实的比例小。果肉颜色淡黄，质地硬脆，汁液多，风味酸甜适度。香气浓，异味无。果实横径 8.2cm，纵径 8.5cm。果实成熟期为 10 月中下旬。终花期到果实成熟期有 190 天，果实可贮藏 300 天。可溶性固形物含量 15.7%，可滴定酸含量 0.26%，平均单果重 275g，果肉硬度 8.6kg/cm^2，套袋果底色为白色。与 2001 富士苹果同，对轮纹病抗性较差。但在新疆、甘肃以及云南高原（海拔 1900m 以上）苹果栽培区没有轮纹病。抗旱性强，较抗寒。适应性与抗逆性同 2001 富士苹果。第 1 生长周期亩产 1980kg，比对照 2001 富士增产 7%；第 2 生长周期亩产 3647kg，比对照 2001 富士增产 2.4%。

二、栽培技术要点

① 选择有灌溉条件、土壤肥沃的地区栽培，北方栽培区提倡春栽，栽前做好土壤改良。定植后抓好肥水管理。

② 用茎干粗壮、根系发达的壮苗，于 3 月下旬进行建园。进行宽行定植，乔化砧普通苗木定植株行距一般为（3.5 ~ 4）m×（4 ~ 5）m。矮化砧苗木定植株行距一般为（1.5 ~ 2.0）m×（3 ~ 4）m。可与金帅、元帅系品种互作授粉树。对于普通苗木的乔化砧苗木，其栽植深度与苗圃的深度一致即可；对于 M 系中间砧矮化苗木，在栽植上采取“二重砧”的栽植方式。具体栽植深度是，埋到中间砧约三分之二处。要避免栽得过深。

③ 做好花果管理，及时进行疏花疏果工作。合理负载，提高果实商品率。培养纺锤形树体结构。维持中庸偏旺的生长势，保持生长和结果的平衡。

④ 注意抓好红蜘蛛、金纹细蛾、苹果轮纹病、白粉病、斑点落叶病、褐斑病等病虫害防治工作。

三、适宜种植区域及季节

适宜在北京、甘肃、贵州、河北、河南、江苏、山东、山西、新疆、云南苹果适生地春季发芽期定植。

四、注意事项

易感轮纹病，在渤海苹果栽植区夏季高温多雨栽培区应抓好轮纹病的防治，树势旺，成花难，用矮化自根砧苗木建园，应设立支架、立柱，易早果丰产。

第十节

宋富三号

↑ 图 1.27 **宋富三号花**

登记编号： GPD 苹果（2021）370011
品种来源： 烟富 3 号芽变选育
登记单位： 莱州大自然园艺科技有限公司

← 图 1.28　宋富三号幼果

↓ 图 1.29　宋富三号与烟富 3 号对比图

一、特征特性

鲜食。分枝型，树姿开张，树势强。花蕾颜色粉红，花瓣形状卵圆形，重瓣性无，成枝力强。连续结果能力强。生理落果程度轻，采前落果程度轻。果实形状圆至长圆形，着色程度为全面着色，着色类型为片红，果色浓红艳丽。果实成熟时果面有蜡质和果粉，平滑，无棱起。果点小，密度疏，果实成熟时心室占整个果实比例小。果肉颜色淡黄，质地硬脆，汁液多，风味酸甜适度。香气浓，异味无。果实横径 8.5cm，纵径 8.4cm。果实成熟期为 10 月中下旬。终花期到果实成熟期为 180 天，果实可贮藏

300 天。可溶性固形物含量 15.2%，可滴定酸含量 0.26%，平均单果重 274g，果肉硬度 8.9kg/cm^2。抗病性同富士系苹果，中等，易感轮纹病。抗旱，耐瘠薄，适应性强，适应性与抗逆性同富士系苹果。第 1 生长周期亩产 2050kg，比对照烟富 3 号增产 3.54%；第 2 生长周期亩产 3750kg，比对照烟富 3 号增产 6.53%。

二、栽培技术要点

① 选择有灌溉条件、土壤肥沃的地区栽培，在当地提倡春栽。栽前做好土壤改良。定植后抓好肥水管理。

② 用茎干粗壮、根系发达的壮苗，于 3 月下旬进行建园。进行宽行定植，乔化砧普通苗木定植株行距一般为（3.5 ~ 4）m×（4 ~ 5）m。矮化砧苗木定植株行距一般为（1.2 ~ 1.5）m×（3.5 ~ 4）m。可与金帅、元帅系品种互作授粉树。对于普通苗木的乔化砧苗木，其栽植深度与苗圃的深度一致即可；对于 M 系中间砧矮化苗木，在栽植上采取“二重砧”的栽植方式。具体栽植深度是，埋到中间砧约三分之二处。要避免栽得过深。

③ 做好花果管理，及时进行疏花疏果工作。合理负载，提高果实商品率。培养纺锤形树体结构。维持中庸偏旺的生长势，保持生长和结果的平衡。

④ 注意抓好红蜘蛛、金纹细蛾、苹果轮纹病、白粉病、斑点落叶病、褐斑病等病虫害防治工作。

三、适宜种植区域及季节

适宜在北京、甘肃、贵州、河北、河南、江苏、山东、山西、新疆、云南春季发芽定植。

四、注意事项

宋富三号与富士系一样易感轮纹病，树势旺，成花难，宜用 M9T337 自根砧，设立支架立柱，三年可进入丰产期。

第十一节

宋富短枝

↑ 图 1.30 宋富短枝果实

↑ 图 1.31 宋富短枝结果树

↑ 图 1.32　宋富短枝开花状

登记编号：GPD 苹果（2021）370017
品种来源：宫崎短富芽变选种
登记单位：莱州大自然园艺科技有限公司

一、特征特性

鲜食。分枝型，树姿开张，树势强。花蕾颜色粉红，花瓣形状卵圆形，重瓣性无，成枝力中。连续结果能力强。生理落果程度轻，采前落果程度轻。果实形状圆形或长圆形，着色程度为全面着色，着色类型为条红。果实成熟时果面有蜡质和果粉，果面平滑，无棱起。果点小，密度疏，果实成熟时心室占整个果实的比例小。果肉颜色淡黄，质地硬脆，汁液多，风味酸甜适度。香气浓，异味无。果实横径 8.3cm，纵径 8.5cm。果实成熟期为 10 月中下旬。终花期到果实成熟期 190 天，果实可贮藏 300 天。可溶性固形物含量 15.3%，可滴定酸含量 0.25%，平均单果重 260g，果肉硬度 9.6kg/cm^2。叶片肥厚，生长旺盛，中抗轮纹病。树势强，在丘陵山地、平原均能生长结果良好，抗逆性较宫崎短枝强。树体矮小，适宜密植，管理简便，结果早。第 1 生长周期亩产 2135kg，比对照宫崎短富增产 8.65%；第 2 生长周期亩产 4875kg，比对照宫崎短富增产 8.33%。

二、栽培技术要点

① 选择有灌溉条件、土壤肥沃的地区栽培，当地提倡春栽。栽前做好土壤改良。定植后抓好肥水管理。

② 用茎干粗壮、根系发达的壮苗，于3月下旬进行建园。进行宽行定植，乔化砧普通苗木定植株行距一般为（2～2.5）m×（3.5～4）m。矮化砧苗木定植株行距一般为（0.7～1.0）m×（3.0～4.0）m。可与金帅、元帅系品种互作授粉树。对于普通苗木的乔化砧苗木，其栽植深度与苗圃的深度一致即可；对于M系中间砧矮化苗木，在栽植上采取“二重砧”的栽植方式。具体栽植深度是，埋到中间砧约三分之二处。要避免栽得过深。

③ 做好花果管理，及时进行疏花疏果工作。合理负载，提高果实商品率。培养纺锤形树体结构。维持中庸偏旺的生长势，保持生长和结果的平衡。

④ 注意抓好红蜘蛛、金纹细蛾、苹果轮纹病、白粉病、斑点落叶病、褐斑病等病虫害防治工作。

三、适宜种植区域及季节

适宜在北京、甘肃、贵州、河北、河南、江苏、山东、山西、新疆、云南地区春季发芽定植。

四、注意事项

宋富短枝苹果易成花，坐果率高，必须做好疏花疏果工作。合理负载，提高果实商品率，不然坐果过多，影响品质。

第十二节

宋富林

→ 图1.33 宋富林开花状

↓ 图1.34 宋富林结果树

登记编号： GPD 苹果（2021）370012

品种来源： 王林芽变选育

登记单位： 莱州大自然园艺科技有限公司

↑ 图1.35　宋富林果实
→ 图1.36　宋富林果实切面

一、特征特性

鲜食。分枝型，树姿直立，树势强。花蕾颜色粉红，花瓣形状卵圆形，重瓣性无，成枝力强。连续结果能力强。生理落果程度轻，采前落果程度轻。果实形状圆形或卵圆形，着色程度为部分着色，着色类型为混合型，果色黄绿色。果实成熟时果面有蜡质，无果粉，平滑，无棱起。果点小，密度疏，果实成熟时心室占整个果实比例小。果肉颜色淡黄，质地硬脆，汁液多，风味酸甜适度。香气淡，异味无。果实横径 8.3cm，纵径 8.5cm。果实成熟期为 10 月上中旬。终花期到果实成熟期 170 天，果实可贮藏 300 天。可溶性固形物含量 15.28%，可滴定酸含量 0.26%，平均单果重 200g，果肉硬度 9.0kg/cm^2。较抗轮纹病，抗旱，耐瘠薄，适应性强。第 1 生长周期亩产 1965kg，比对照王林增产 1.78%；第 2 生长周期亩产 3863kg，比对照王林增产 1.11%。

二、栽培技术要点

① 选择有灌溉条件、土壤肥沃的地区栽培，提倡春栽。栽前做好土壤改良。定植后抓好肥水管理。

② 用茎干粗壮、根系发达的壮苗，于 3 月下旬进行建园。进行宽行定植，乔化砧普通苗木定植株行距一般为（3.5 ~ 4）m×（4 ~ 5）m。矮化砧苗木定植株行距一般为（1.2 ~ 1.5）m×（3.5 ~ 4）m。可与红富士品种互作授粉树。对于普通苗木的乔化砧苗木，其栽植深度与苗圃的深度一致即可；对于 M 系中间砧矮化苗木，在栽植上采取“二重砧”的栽植方式。具体栽植深度是，埋到中间砧约三分之二处。要避免栽得过深。

③ 做好花果管理，及时进行疏花疏果工作。合理负载，提高果实商品率。培养纺锤形树体结构。维持中庸偏旺的生长势，保持生长和结果的平衡。

三、适宜种植区域及季节

适宜在北京、甘肃、贵州、河北、河南、江苏、山东、山西、新疆、云南苹果适生地春季发芽定植。

四、注意事项

木质脆而硬，易折。拉枝时应注意。

第十三节

首富

↑ 图 1.37　**首富结果树**

登记编号： GPD 苹果（2020）370012
品种来源： 芽变选种
登记单位： 莱州大自然园艺科技有限公司

← 图1.38 首富苹果结果状

一、特征特性

鲜食。树冠中大，树势中庸偏旺，干性较强，枝条粗壮，树姿半开张。果实大型，平均单果重297.17g，果实圆形，高桩，端正，果形指数0.90。果面底色浅黄色，盖色条纹鲜红色，色泽艳丽，盖色面积大，全红果比例77% ~ 80%，着色指数89% ~ 90%，洁净光亮。果肉浅黄色，甜味浓，甘甜爽口。耐储运。果肉质细硬脆。10月下旬成熟。成花易，早果性强，长、中、短果枝都能结果，有明显的腋花芽结果习性，三年结果，四年丰产，大小年现象不明显。可溶性固形物含量16.13%，可滴定酸含量0.29%，果肉硬度8.5kg/cm^2。在胶东半岛地区，对轮纹病抗性较差，在丘陵、山地、平原都能适应。第1生长周期亩产673kg，比对照2001富士增产84.4%；第2生长周期亩产2742kg，比对照2001富士增产15.2%。

二、栽培技术要点

① 选择有灌溉条件、土壤肥沃的地区栽培，提倡春栽。栽前做好土壤改良。定植后抓好肥水管理。

② 用茎干粗壮、根系发达的壮苗，于3月下旬进行建园。进行宽行定植，乔化砧普通苗木定植株行距一般为（3.5～4）m×（4～5）m。矮化砧苗木定植株行距一般为（1.5～2.0）m×（3～4）m。可与金帅、元帅系品种互作授粉树。对于普通苗木的乔化砧苗木，其栽植深度与苗圃的深度一致即可；对于M系“中间砧”矮化苗木在栽植上，采取“二重砧”的栽植方式。具体栽植深度是，埋到中间砧约三分之二处。要避免栽得过深。

③ 做好花果管理，及时进行疏花疏果工作。合理负载，提高果实商品率。培养纺锤形树体结构。维持中庸偏旺的生长势，保持生长和结果的平衡。

④ 注意抓好红蜘蛛、金纹细蛾、苹果轮纹病、白粉病、斑点落叶病、褐斑病等病虫害防治工作。

三、适宜种植区域及季节

适宜在北京、甘肃、贵州、河北、河南、辽宁、宁夏、青海、山东、山西、陕西、西藏、新疆、云南等苹果适生区春季发芽期定植。

四、注意事项

该品种对轮纹病抗性较差，在夏季高温多雨栽培区应抓好轮纹病的防治工作。

第十四节

烟富 8

↑ 图 1.39　**烟富 8 结果树**

登记编号：GPD 苹果（2017）370002
品种来源：芽变育种，从烟富 3 号中选出
登记单位：烟台现代果业科学研究院

← 图 1.40　烟富 8 与烟富 3 号果实着色对比
↓ 图 1.41　烟富 8 果实横切面
↓ 图 1.42　烟富 8 果实纵切面

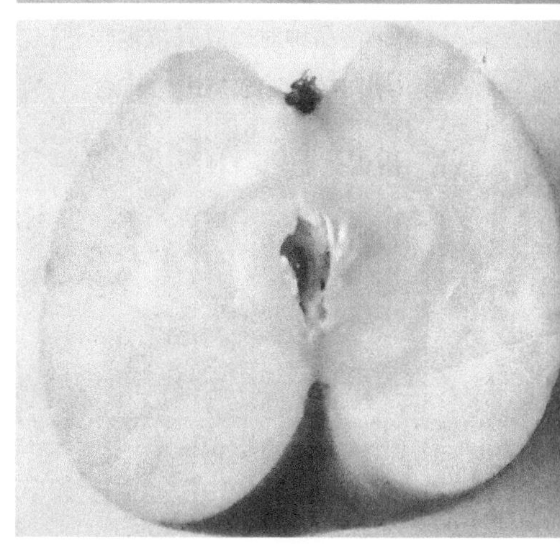

一、特征特性

鲜食。树冠中大，树势中庸偏旺，干性较强，枝条粗壮，树姿半开张。多年生枝赤褐色，皮孔中小，较密，圆形，凸起，白色。叶片大，平均叶宽 5.3cm，长 7.8cm，多为椭圆形，叶片色泽浓绿，叶面平展，叶背茸毛较少，叶缘锯齿较钝，托叶小，叶柄长 2.3cm，花蕾粉红色，盛开后花瓣白色，花冠直径 3.1cm，花粉中多。果实长圆形，果形指数平均 0.91，高桩端正；果个大，平均单果重 315g；果实着色全面浓红，着色类型为片红，果色艳丽；果面光滑，果点稀小；果肉淡黄色，肉质紧密、细脆，平均硬度为 8.9kg/cm^2；汁液丰富，可溶性固形物含量 14%，10 月下旬果实成熟。花芽大而饱满，果个大，丰产性好。乔砧树 4 ~ 5 年开始结果，矮砧树3年开始结果，5年后进入盛果期。对授粉品种无严格选择性，异花授粉坐果率高，花序坐果率可达 85% 以上。连续结果能力较强，大小年结果现象轻。该品种对气候、土壤的适应性较强，优质丰产，果实着色好，果面洁净，色泽艳丽，商品果率高，很少有生理落果和采前落果现象。对轮纹病抗性较差，对土壤质地要求不严，但喜欢肥沃的土壤。对气候适应性强。第一生长周期亩产 1552kg，比对照烟富 3 号增产 11.74%，对照产量为 1389kg；第二生长周期亩产 3958kg，比对照烟富 3 号增产 11.46%，对照产量为 3551kg。

二、栽培技术要点

选择有灌溉条件、土壤肥沃的地区栽培，提倡春栽。乔化砧适宜的栽植株行距为（3 ~ 4）m×（4 ~ 5）m。授粉树可选用嘎拉、元帅系、千秋等。树形宜采用纺锤形。全年追肥按每产 100kg 果施入纯氮 1kg、磷 0.8kg、钾 1kg、基肥 250 ~ 300kg。追肥在花前、花后、幼果膨大期、采果前 1 个月施入。叶面喷肥全年 4 ~ 5 次，以补充果树生长发育所需要的硼、钙、锌、铁等中微量元素为主。视土壤墒情适时灌水。

烟富 8 成花容易，坐果率高，应及时疏花疏果，每隔 20cm 左右留一个果。在谢花后 30 ~ 40 天，对全园果实进行套袋。摘袋后要及时摘叶、疏枝、转果，并在树下铺反光膜，以改善光照，增进果实着色。注意防治红蜘蛛、金纹细蛾、苹果轮纹病、白粉病、斑点落叶病、褐斑病等，要特别重视枝干轮纹病的防治。

三、适宜种植区域及季节

可在山东省苹果产区种植，宜春季栽植。

四、注意事项

该品种对轮纹病抗性较差，需加大对轮纹病的预防，主要抓住春季休眠期对枝干轮纹病进行防治。

第十五节

神富2号

↑ 图1.43　**神富2号结果状**

登记编号： GPD 苹果（2017）370005

品种来源： 烟富3号芽变

登记单位： 烟台现代果业发展有限公司

↑ 图1.44 神富2号结果树

一、特征特性

鲜食。该品种树冠中大，树势中庸，干性较强，枝条粗壮，树姿半开张。多年生枝赤褐色，皮孔中小，较密，圆形，凸起，白色。叶片大，平均叶宽5.5cm，长8.0cm，多为椭圆形，叶片色泽浓绿，叶面平展，叶背茸毛较少，叶缘锯齿较钝，托叶小，叶柄长2.5cm，花蕾粉红色，盛开后花瓣白色，花冠直径3.2cm，花粉多。该品种果实为长圆形，果形指数平均0.87，高桩端正；果个大，平均单果重310g；果实着色为全面浓红，着色类型为片红，果色艳丽；果面光滑，果点稀小，梗锈很轻，果粉多，果肉淡黄色，肉质紧密，果实香甜，平均硬度为8.7kg/cm^2；汁液丰富，可溶性固形物含量14.1%，可滴定酸含量0.16%。该品种成花容易，坐果率高，丰产性好。乔砧树3～4年结果，矮砧树3年结果，4年进入盛果期，果实发育期 180 天左右，10 月下旬成熟。对授粉品种无严格选择性，异花授粉坐果率高，花序坐果率可达 80% 以上。连续结果能力较强，大小年现象轻。该品种对气候、土壤的适应性较强，但喜欢肥沃的土壤。很少有生理落果和采前落果现象。对轮纹病抗性较差。第一生长周期亩产 1512kg，比对照烟富 3 号增产 6.5%，对照产量为 1420kg；第二生长周期亩产 2523kg，比对照烟富 3 号增产 2.5%，对照产量为 2461kg。

二、栽培技术要点

选择有灌溉条件、土壤肥沃的地区栽培，提倡春栽。乔化砧适宜的栽植株行距为 3m×4m，矮化树适宜的株行距为 2m×4m，授粉树可选用嘎拉。树形宜采用高纺锤形。全年追肥按每产 100kg 果施入纯氮 1kg、磷 0.8kg、钾 1kg、基肥 250 ~ 300kg。追肥在花前、花后、幼果膨大期、采果前 1 个月施入。叶面喷肥全年 4 ~ 5 次，以补充果树生长发育所需要的硼、锌、铁、钙、镁等中微量元素为主。视土壤墒情适时灌水。神富 2 号成花容易，坐果率高，应及时疏花疏果，每隔 20cm 左右留一个果。在谢花后 30 ~ 40 天，对全园果实进行套袋。摘袋后要及时摘叶、疏枝、转果，并在树下铺反光膜，以改善光照，增进果实着色。注意防治红蜘蛛、金纹细蛾、食心虫、苹果轮纹病、斑点落叶病、褐斑病等，要特别重视枝干轮纹病的防治。

三、适宜种植区域及季节

山东苹果适生栽培区，宜春季栽植。

四、注意事项

该品种对轮纹病抗性较差，需加大对轮纹病的防治，主要抓住春季休眠期及发病盛期对轮纹病进行防治。

第十六节

神富3号

← 图1.45　**神富3号结果树**

登记编号：GPD苹果（2017）370004

品种来源：2001富士芽变

登记单位：烟台现代果业发展有限公司

↑ 图 1.46　神富 3 号单果

→ 图 1.47　神富 3 号切面图

一、特征特性

鲜食。该品种树势健壮，干性较强，树姿半开张，多年生枝条赤褐色，皮孔小而密。叶片较大，平均叶宽 4.9cm，长 6.8cm，多为椭圆形，叶片浓绿，叶面平展，叶缘锯齿较钝，叶柄长 2.4cm，花芽圆锥形，花蕾粉红色，盛开后花瓣白色，花冠直径 2.9cm，花粉中多。该品种果实为长圆形，果形指数 0.89，高桩大型果，单果均重 310g；果实呈宽条纹状着色，色泽鲜艳，着色快；果面光滑细嫩，表光好，果皮较薄；果肉淡黄色，肉质甜脆，平均硬度为8.5kg/cm^2，可溶性固形物含量14.5%，可滴定酸含量0.16%；10月下旬成熟。该品种花芽大而饱满，丰产性好。乔砧树3年开始结果，5年进入丰产期；矮化自根砧树2年结果，4年进入丰产期。对授粉品种无严格选择性，异花授粉坐果率高。该品种对气候、土壤的适应性较强，肥沃土壤更有利于其优质高产，很少有生理落果和采前落果现象。对轮纹病抗性较弱。第一生长周期亩产1392kg，比对照2001富士增产5.6%，对照产量为1317kg；第二生长周期亩产2478kg，比对照2001富士增产3.3%，对照产量为2399kg。

二、栽培技术要点

选择有灌溉条件、土壤肥沃的地区栽培，提倡春栽。乔化砧适宜的栽植株行距为3m×4m，矮化砧适宜的栽植株行距为2m×4m。授粉树可选用嘎拉。树形宜采用高纺锤形。全年追肥按每产100kg果施入纯氮1kg、磷0.8kg、钾1kg、基肥250～300kg。追肥在花前、花后、幼果膨大期、采果前1个月施入。叶面喷肥全年4～5次，以补充果树生长发育所需要的硼、钙、锌、铁等中微量元素为主。视土壤墒情适时灌水。神富3号成花容易，坐果率高，应及时疏花疏果，每隔20cm左右留一个果。在谢花后30～40天，对全园果实进行套袋。摘袋后要及时摘叶、疏枝、转果，并在树下铺反光膜，以改善光照，增进果实着色。注意防治红蜘蛛、金纹细蛾、食心虫、苹果轮纹病、斑点落叶病、褐斑病等，要特别重视轮纹病的防治。

三、适宜种植区域及季节

山东苹果适生栽培区等，宜春季栽植。

四、注意事项

该品种对轮纹病抗性较差，需加大对轮纹病的防治，主要抓住春季休眠期及发病盛期对轮纹病进行防治。

第十七节

神富4号

↑ 图1.48 **神富4号结果树**

登记编号： GPD苹果（2021）370023

品种来源： 烟富3号芽变

登记单位： 烟台现代果业发展有限公司，烟台现代果业科学研究院

← 图1.49　神富4号单果状

↓ 图1.50　神富4号切面图

一、特征特性

鲜食。分枝型，树姿开张，树势强。花蕾颜色粉红，花瓣形状卵圆形，重瓣性无，成枝力强。连续结果能力强。生理落果程度轻，采前落果程度轻。果实形状为长圆形，着色程度为全面着色，着色类型为片红，果色红色。果实成熟时果面有蜡质和果粉，果面平滑，无棱起。果点小，密度疏，果实成熟时心室占整个果实的比例小。果肉颜色淡黄，果肉质地硬脆，果肉汁液中多，风味酸甜适度。香气淡，异味无。果实横径 8.57cm，纵径

7.63cm。果实成熟期为10月中下旬。终花期到果实成熟期180天，果实可贮藏240天。可溶性固形物含量13.8%，可滴定酸含量0.17%，平均单果重246g，果肉硬度8.9kg/cm^2，表光亮，果锈轻，爽脆可口，口感极佳。果实端正高桩，耐贮藏。神富4号具有成花容易、坐果率高、丰产性与稳产性好及连续结果能力强的特点。套袋果脱袋后上色特别快，5～6天即可上满色，果实成熟期较一致。对轮纹病、炭疽病、腐烂病等病害抗性与烟富3号相当，斑点落叶病显著轻于烟富3号。神富4号对气候、土壤的适应性强，适栽区广，在山东省和全国其他苹果主栽区生长和结果均表现良好，优质丰产，个别地区生产上应注意晚霜冻危害。第1生长周期亩产1236.5kg，比对照烟富3号增产4.07%；第2生长周期亩产2633.8kg，比对照烟富3号增产5.10%。

二、栽培技术要点

①园地选择　选择壤土或轻沙壤土，土层厚度60cm以上。尽量避开黄黏土、盐碱土及排水不良的涝洼地。地下水位要求1m以下，平原地要求1.5m以下，土壤pH6.0～7.5，土壤有机质含量0.8%以上。园地周边应生态条件良好，无污染，有水源。灌溉用水、土壤及大气环境条件符合NY/T 391《绿色食品　产地环境质量》标准。

②苗木质量要求　砧木、品种纯正，嫁接部位愈合良好，苗木粗壮，芽体饱满，根系完整，须根发达，无病虫害和机械损伤，苗木高度1.5m以上，嫁接口以上10cm处粗度1.5cm以上，矮化自根砧砧木长度30～40cm，所用苗木必须经过脱毒且检疫合格。

③授粉树配置　提倡选用海棠类专用授粉树，按与品种1∶15的比例均匀配置。其他授粉品种按与品种（1∶5）～（1∶6）比例配置。

④栽植密度　根据砧木矮化性状、砧穗组合和机械化作业要求，确定适宜的株行距。M9T337优系自根砧苗木株行距为（0.8～1.5）m×（3.2～3.5）m，乔化砧株行距为（2.5～3.0）m×（4.0～4.5）m。

⑤栽前准备　耕翻起垄。每亩撒施优质土杂肥4000kg以上，并进行全园耕翻耙平，沿行向起垄，垄宽100～120cm、高30cm左右。苗木处理。栽植前对苗木的砧木、品种进行审核、登记和标识后，放入清水浸泡根系24～48h，并对根系进行消毒处理。

⑥栽植技术　春季土壤解冻后至萌芽前栽植。在垄畦中间挖穴定植，栽植深度与苗木圃内深度一致或略深3cm左右，矮化苗分次培土至砧段下

1 ~ 10cm，栽后踏实、灌水，并覆膜保墒。

⑦ 支架设置　苗木栽植后要设立支架。支架材料有水泥柱、竹竿、铁丝等。顺行向每隔 10 ~ 15m 设立一根高 4m 左右的钢筋混凝土立柱，上面拉 3 ~ 5 道铁丝，间距 60 ~ 80cm。每株树设立 1 根高 4m 左右的竹竿或木杆，并固定在铁丝上，再将幼树主干绑缚其上。

⑧ 栽后管理　苗木栽植后要确保浇灌 3 次水，即栽后立即灌水，之后每隔 7 ~ 10 天灌水一次，连灌 2 次，以后视天气情况浇水促长。6 月至 8 月进行 2 ~ 4 次追肥，前期每次每株施尿素或磷酸氢二铵 50g，后期适当增加磷钾肥。9 月以后要适当控肥控水，促进枝条充实。

⑨ 主要病虫害防控　实行病虫害绿色防控技术，实施农业、物理、生物和化学方式相结合的综合防治。栽苗前采用 50% 多菌灵或 70% 甲基硫菌灵（甲基托布津）1000 ~ 1200 倍液和黄泥拌成泥浆浸苗，主要解决苗木在起运当中的失水现象，兼消毒杀菌功能。生长期注意防治干腐病和叶部病虫害。落叶后，进行树干涂白，用生石灰、石灰硫黄合剂、食盐、清水按照 6∶1∶1∶10 比例制成涂白剂，涂抹树干和主枝基部。

⑩ 树体培养　高纺锤形。适用于株距 1.2m 以内的果园。干高 0.8 ~ 1.0m，树高 3.2 ~ 3.5m，中干上直接着生 25 ~ 40 个侧枝。侧枝基部粗度不超过着生部位中干粗度的 1/3，长度为 60 ~ 90cm，角度大于 110°。自由纺锤形。适用于株距 2.0 ~ 3.0m 的果园。干高 0.6 ~ 0.8m，树高 3.5 ~ 4.0m，中干上着生 20 ~ 35 个侧枝，其中下部 4 ~ 5 个为永久性侧枝。侧枝基部粗度小于着生部位中干的 1/3，长度为 100 ~ 120cm，角度 90° ~ 110°。侧枝上着生结果枝组，结果枝组的角度大于侧枝的角度。

三、适宜种植区域及季节

适宜在山东、宁夏、陕西及新疆春季种植。

四、注意事项

在易发生春季冻害地区要注意防范晚霜冻危害。

第十八节

神富6号

↑ 图1.51　神富6号果实

→ 图1.52　神富6号横切面

登记编号： GPD 苹果（2017）370003

品种来源： 长富2号苹果芽变

登记单位： 烟台现代果业发展有限公司

← 图 1.53 神富 6 号结果母树
← 图 1.54 神富 6 号花朵
↓ 图 1.55 神富 6 号枝条与烟富 3 号枝条对比

烟富 3 号

神富 6 号

一、特征特性

鲜食。树冠中大，树势中庸偏旺，干性较强，枝条粗壮，树姿半开张。多年生枝赤褐色，皮孔中小，较密，圆形，白色，凸起。叶片大，平均叶宽 5.4cm，长 8.8cm，明显大于烟富 3 号，厚 0.4mm，多为椭圆形，叶片色泽浓绿，叶面较平展，叶背茸毛较少，叶缘锯齿较锐，托叶小，叶柄长 2.5cm，平均节间长度为 2.1cm。短枝性状明显，抽生新梢平均长 34.2cm，成枝能力强，不易早衰。新生枝条甩放容易形成叶丛果枝。花芽肥大长卵形，每花序 5 ~ 7 朵，花蕾粉红色，盛开后花瓣白色，花冠直径 3.2cm，花粉中多。果实近圆形或长圆形，果色红色，果形指数平均 0.9，果实整齐度高。萼洼较浅，梗洼深、锈少；果个大，平均单果重 255.5g，最大单果重 315.5g；着色速度快，脱袋 7 ~ 8 天果实全面着色，上色后艳红，着色类型为条红；果面光洁，果点稀小，优质果率高达 90% 以上；果肉淡黄色，肉质致密、细脆，平均硬度为 8.5kg/cm^2；汁液丰富，可溶性固形物平均含量为 14.9% 可滴定酸含量 0.18%，酸甜可口；果实 10 月中下旬成熟，生长期 175 ~ 180 天。以短果枝结果为主，有腋花芽结果习性，易成花结果。该品种对气候、土壤的适应性较强，丰产性好。果实着色好，果点稀小，果面洁净，色泽艳丽，商品果率高，很少有生理落果和采前落果现象。对轮纹病抗性较差。第一生长周期亩产 1450kg，比对照烟富 3 号增产 7%，对照产量为 1355kg；第二生长周期亩产 2492kg，比对照烟富 3 号增产 1.92%，对照产量为 2445kg。

二、栽培技术要点

选择有灌溉条件、土壤肥沃的地区栽培。在山区或丘陵地区，可选择乔化砧，按 2m×4m 或 2.5m×4m 的株行距建园；在苹果矮化砧适宜推广栽培区及平原地区，可选择 M9T337 等矮化自根砧或矮化中间砧，按 1m×4m 或 1.5m×4m 的株行距建园。授粉树可选用嘎拉、元帅系、千秋等。树形宜采用纺锤形。全年追肥按每产 100kg 果施入纯氮 1kg、磷 0.8kg、钾 1kg、基肥 250 ~ 300kg。追肥在花前、花后、幼果膨大期、采果前 1 个月施入。叶面喷肥全年 4 ~ 5 次，以补充果树生长发育所需的硼、钙、锌、铁等中微量元素为主。视土壤墒情适时灌水。神富 6 号成花容易，坐果率高，应及时疏花疏果，每隔 20cm 左右留 1 个果。在谢花后 30 ~ 40 天，对全园果实进行套袋。摘袋后要及时摘叶、疏枝、转果，并在树下铺反光膜，以改善光照，增进果实着色。注意防治红蜘蛛、金纹细蛾、苹果轮纹病、白粉病、斑点落叶病、褐斑病等，要特别重视枝干轮纹病的防治。

三、适宜种植区域及季节

宜山东苹果适生栽培区春季栽植。

四、注意事项

该品种对轮纹病抗性较差，需加大对枝干轮纹病的防治，主要抓住春季休眠期及发病盛期，对枝干轮纹病进行防治。

第十九节

哈鲁卡

↑ 图1.56　**哈鲁卡结果树**

登记编号： GPD 苹果（2021）370022

品种来源： 金冠芽变

登记单位： 烟台现代果业发展有限公司，烟台现代果业科学研究院

↑ 图 1.57　哈鲁卡结果枝
→ 图 1.58　哈鲁卡横切面
→ 图 1.59　哈鲁卡单果

一、特征特性

鲜食。分枝型，树姿开张，树势中。花蕾颜色粉红，花瓣形状卵圆形，重瓣性无，成枝力中。连续结果能力强。生理落果程度轻，采前落果程度轻。果实形状为长圆锥形，果实为黄色。果实成熟时果面有蜡质，无果粉，果面较平滑，有棱起。果点小，密度疏，果实成熟时心室占整个果实的比例中等。果肉颜色淡黄，果肉质地硬脆，果肉汁多，风味甘甜。香气浓，异味无。果实横径 7.97cm，纵径 7.41cm。果实成熟期为 10 月下旬。终花期到果实成熟期 190 天，果实可贮藏 220 天。可溶性固形物含量 16.2%，

可滴定酸含量0.18%，平均单果重245.4g，果肉硬度8.6kg/cm^2，肉质脆，甜味足，果实有浓郁清新的芳香味。抗炭疽叶枯病，中抗轮纹烂果病，哈鲁卡对气候、土壤的适应性强，抗旱耐瘠薄，适栽区广。第1生长周期亩产928kg，比对照金冠增产13.7%；第2生长周期亩产1792kg，比对照金冠增产12.3%。

二、栽培技术要点

①园地选择　整理后的丘陵坡地活土层要求至少达到60cm。其他土地类型要达到80cm或以上，土壤有机质含量要达到0.8%以上，其中定植沟内有机质含量要达到1.5%以上。平原地区的地下水位要求为1.5m以下，土壤pH6.0～6.5，园地周边应生态条件良好，无污染，有水源。灌溉用水、土壤及大气环境条件至少应达到国家无公害果品生产的基本条件要求。

②苗木质量要求　砧木、品种纯正，嫁接部位愈合良好，苗木粗壮，芽体饱满，根系完整，须根发达，无病虫害和机械损伤，苗木高1.5m以上，嫁接口以上10cm处粗度为1.5cm以上，矮化自根砧砧木长30～40cm，所用苗木必须经过脱毒且检疫合格。

③授粉树配置　提倡选用海棠类专用授粉树，按与品种1∶15的比例均匀配置。其他授粉品种按与品种（1∶5）～（1∶6）比例配置。

④栽植密度　根据砧木矮化性状、砧穗组合和机械化作业要求，确定适宜的株行距。矮化砧栽培株行距为（1.2～1.5）m×4.0m，乔化砧为（2～3）m× 4m。

⑤栽前准备　耕翻起垄：每亩撒施优质土杂肥5000kg以上，并进行全园耕翻耙平，沿行向起垄，垄宽100～150cm、高10～30cm。苗木处理：栽植前对苗木的砧木、品种进行审核、登记和标识后，放入清水中浸泡根系24～48h，并对根系进行消毒处理。

⑥栽植技术　春季土壤解冻后至萌芽前栽植。栽植时间分为春栽和秋栽，时间在2月下旬至4月上旬或10月下旬至11月中旬，秋季栽后应在基部适当培土。栽后应踏实并及时浇水。

⑦支架设置　苗木栽植后要设立支架。支架材料有水泥柱、竹竿、铁丝等。顺行向每隔10～15m设立一根高4m左右的钢筋混凝土立柱，上面拉3～5道铁丝，间距60～80cm。每株树设立1根高4m左右的竹竿

或木杆，并固定在铁丝上，再将幼树主干绑缚其上。

⑧ 栽后管理　苗木栽植后要确保浇灌 3 ~ 5 次水，即栽后立即灌水，之后每隔 7 ~ 10 天灌水一次，连灌 2 ~ 3 次，以后视天气情况浇水促长。6 ~ 8 月进行 2 ~ 4 次追肥，前期每次每株施尿素或磷酸氢二铵 50g，后期适当增加磷钾肥。9 月以后要适当控肥控水，促进枝条充实。

⑨ 主要病虫害防控　实行病虫害绿色防控技术，实施农业、物理、生物和化学方式相结合的综合防治。栽苗前采用 50% 多菌灵或 70% 甲基硫菌灵 1000 ~ 1200 倍液和黄泥拌成泥浆浸苗，主要解决苗木在起运当中的失水现象，兼消毒杀菌功能。生长期注意防治干腐病和叶部病虫害。落叶后，进行树干涂白，用生石灰、石灰硫黄合剂、食盐、清水按照 6∶1∶1∶10 比例制成涂白剂，涂抹树干和主枝基部。

⑩ 树体培养　选择高纺锤形或自由纺锤形，一般第二年见果，4 ~ 5 年进入盛果期。干高 0.8 ~ 1.0m，树高 3.2 ~ 3.5m，中干上均匀轮生 25 ~ 45 个螺旋上升的临时性枝组，长 40 ~ 90cm，中心干上没有永久性侧枝，每个侧枝保留的结果时间为 3 ~ 6 年，每年更新侧枝数目一般不超过 3 个。侧枝基部粗度不超过着生部位中干粗度的 1/3，枝轴基部直径小于 2.5cm。

三、适宜种植区域及季节

适宜在河北、辽宁、甘肃、山东春季种植。

四、注意事项

哈鲁卡是一个晚熟黄色品种，栽培不当或气候不适时易发生果锈，在管理过程中要注意提高树势，预防果锈。

第二十节

2001富士

↑ 图1.60　2001富士结果树

登记编号：GPD 苹果（2018）370006

品种来源：日本引入

登记单位：山东省烟台市农业科学研究院

↑ 图1.61　2001富士结果枝
→ 图1.62　2001富士切面图

一、特征特性

鲜食。果实大型，底色金黄，梗洼有锈，黑点病较轻，着鲜红色，色泽艳丽，果形端正、高桩，果肉淡黄，肉质清脆可口，10月中下旬果实成熟。果实发育期为180天左右。可溶性固形物含量15.2%，可滴定酸含量0.13%，平均单果重268g，果肉硬度10.8kg/cm^2。抗枝干轮纹病、腐烂病和斑点落叶病能力中等，抗寒、抗旱能力中等。第1生长周期亩产2000kg，比对照长富2号增产2%；第2生长周期亩产4500kg，比对照长富2号增产1%。

二、栽培技术要点

果园活土层达到 40cm 以上、有浇水条件的地方可采用矮化砧栽培；无浇水条件的丘陵薄地仍采用乔化砧栽培。M9 自根砧苗木定植株行距一般为 1.5m×4.0m，树形采用细长纺锤形；M7、MM106 自根砧砧木苗和 M26 中间砧苗可采用（2.5 ~ 3.0）m×4.0m 的株行距；乔化砧木苗木可采用（3.0 ~ 4.0）m×5.0m 的宽行密植栽植方式，树形采用自由纺锤形，保证行间通风透光。建园配置适当的授粉树，可与红露、嘎拉、珊夏、山农红等品种互为授粉树，也可栽植专用授粉品种。春季采用大苗壮苗建园，定干高度为 0.9 ~ 1.0m，起垄栽培，行间人工生草或自然生草；树形可选择自由纺锤形或高纺锤形，以提高品种早果丰产能力。矮化砧苗木，在栽植当年应注意幼树期扶干，并根据树势确定早期合理留果量，树冠未充分形成时，尽量不留果。为提高果面光洁度和外观质量，宜采用套袋栽培，5 月底 6 月初套袋，在烟台地区 10 月初摘袋。果实采收后施用基肥，基肥以腐熟的农家肥为主，混加少量氮素化肥和钙镁磷肥，要求是斤果斤肥，施用方法以沟施为主，不提倡撒施。在施足基肥的基础上，在果实生长的关键期进行土壤追肥和叶面喷肥，前期以氮肥为主，后期以磷、钾肥为主。为提高果实品质，应注意适期采收。

三、适宜种植区域及季节

适宜在山东省、陕西省、河北省、山西省、甘肃省及云南省的苹果适生区种植，宜春季栽植。

四、注意事项

注意防控枝干轮纹病、腐烂病等富士类苹果主要病害。

第二十一节
甘红

← 图1.63 甘红结果树
↓ 图1.64 甘红结果枝

登记编号： GPD 苹果（2018）370007
品种来源： 早艳 × 金矮生
登记单位： 山东省烟台市农业科学研究院

↑ 图 1.65　甘红果实横纵切面

一、特征特性

鲜食。果实高桩、外观漂亮，果肉脆甜爽口。可溶性固形物含量 14.5%，可滴定酸含量 0.19%，平均单果重 270g，果形长圆形，果色红色，果肉硬度 9.0kg/cm^2。抗病性较强，在药物防治措施相同的情况下，对枝干轮纹病和轮纹烂果病的抗性显著优于红将军，根据连续多年果实调查，尚未见轮纹烂果。目前，10 年生枝上亦未见轮纹病瘤和腐烂病疤。对斑点落叶病的抗性与红将军相同。对苹果锈病的抗病能力与红将军、红富士品种相近。抗旱、抗寒能力中等。第 1 生长周期亩产 2500kg，比对照红将军增产 8%；第 2 生长周期亩产 3800kg，比对照红将军增产 5%。

二、栽培技术要点

① 栽植密度　苗木适宜的栽植株行距为（3 ~ 4）m×4m。3 月份定植建园。定植前按（3 ~ 4）m×4m 的株行距挖深、宽各 100cm 的定植穴，每穴施充分腐熟的优质农家肥 30kg，果树有机、无机复混肥 3 ~ 5kg 和钙镁磷肥 2.5kg。黏重土壤挖深 80cm、宽 100cm 的栽植沟，亩施土杂

粪4000 ~ 5000kg，麦秸杂草500kg，回填表土，浇水沉实。选根系发育良好，至少有4条长20cm以上的侧根、苗高120cm以上、茎径不少于1cm、整形带内芽饱满、嫁接口愈合良好、无病虫害的壮苗栽植。栽后浇足定植水，并在树盘内覆盖1m^{2}地膜，7天后再浇一次透水。

② 树形及修剪　树形宜采用自由纺锤形，定干高度离地面100cm，定干后对剪口下第4 ~ 7芽进行目伤，促进发枝。幼树修剪以轻剪缓放、拉枝开角为主，拉枝时角度不要过大，以70°左右为宜。生长季特别注意对背上直立枝的控制，采用摘心、扭梢等措施，背上枝很容易转化为结果枝组。进入盛果期，冬剪时应注意对主枝延长枝适度短截，留预备延长枝，进行回缩更新，抑前促后，延长树冠内膛短果枝群的结果寿命，同时注意更新结果枝组。该品种易成花，花量多，花序、花朵坐果率高，尤其短果枝花序密集，因此，开花前要先疏花序，按每15 ~ 20cm距离留一个花序，坐果后进行疏果，每个花序只保留中心果。该品种易得果锈，套袋时间应比红将军略早，5月20日左右，采果前10天左右摘袋。

③ 肥水管理　甘红对肥水没特殊要求，管理措施与其他品种相似。未结果幼树，每年每株施化肥尿素0.4kg，过磷酸钙2kg，硫酸钾0.3kg；盛果期树，每年每株施尿素2.5kg，过磷酸钙3kg，硫酸钾2kg。化肥的使用时期与施入量：全年用量1/4的氮肥，1/2的磷钾肥，与有机肥拌匀作基肥施入；1/2的氮肥、1/4的磷钾肥于果实第一次迅速膨大期（6月中旬）施入；1/4氮肥、1/4磷钾肥于果实开始着色期前施入。有机肥料的施用，视树体大小、基肥种类不同，每年于9 ~ 10月份每株施入有机肥料50 ~ 75kg。

三、适宜种植区域及季节

适宜在山东省、陕西省、河北省、山西省、甘肃省及云南省的苹果适生区种植，宜春季栽植。

第二十二节

美乐

↑ 图 1.66　**美乐结果树**

登记编号：GPD 苹果（2018）370004
品种来源：长富 2 号芽变
登记单位：山东省烟台市农业科学研究院

↑ 图 1.67　美乐结果枝
→ 图 1.68　美乐果实横纵切面

一、特征特性

鲜食。美乐苹果品种果实上色快、颜色鲜艳、果点稀小、果面光滑、无果锈，变异性状稳定，是一个综合性状优良的晚熟富士苹果新品种。可溶性固形物含量 14.5%，可滴定酸含量 0.12%，平均单果重 267.8g，果形长圆形，果色鲜红色，果肉硬度 8.4kg/cm^2。抗枝干轮纹病、腐烂病和斑点落叶病能力中等，抗炭疽叶枯病能力强，抗寒能力中等。第 1 生长周期亩产 2000kg，比对照长富 2 号增产 2%；第 2 生长周期亩产 4500kg，比对照长富 2 号增产 1%。

二、栽培技术要点

果园活土层达到 40cm 以上、有浇水条件的地方可采用矮化砧栽培；无浇水条件的丘陵薄地仍采用乔化砧栽培。M9 自根砧苗木定植株行距一般为 1.5m×4.0m，树形采用细长纺锤形；M7、MM106 自根砧砧木苗和 M26 中间砧苗可采用（2.5 ~ 3.0）m×4.0m 的株行距；乔化砧苗可采用（3.0 ~ 4.0）m×5.0m 的宽行密植栽植方式，树形采用自由纺锤形，保证行间通风透光。建园配置适当的授粉树，可与红露、嘎拉、珊夏、山农红等品种互为授粉树，也可栽植专用授粉品种。春季采用大苗壮苗建园，定干高度为 0.9 ~ 1.0m，起垄栽培，行间人工生草或自然生草；树形可选择自由纺锤形或高纺锤形，以提高品种早果丰产能力。矮化砧苗木，在栽植当年应注意在幼树期扶干，并根据树势确定早期合理留果量，树冠未充分形成时，尽量不留果。为提高果面光洁度和外观质量，宜采用套袋栽培，5 月底 6 月初套袋，在烟台地区 10 月初摘袋。美乐喜大肥大水，尤其是坐果后、幼果细胞分裂时期，需要充足的肥水条件，利于拉长果形，提高果实外观品质。果实采收后施用基肥，基肥以腐熟的农家肥为主，混加少量氮素化肥和钙镁磷肥，要求是斤果斤肥，施用方法以沟施为主，不提倡撒施。在施足基肥的基础上，在果实生长的关键期进行土壤追肥和叶面喷肥，前期以氮肥为主，后期以磷、钾肥为主。为提高果实品质，应注意适期采收。

三、适宜种植区域及季节

适宜在山东省、陕西省、河北省、山西省、甘肃省及云南省的苹果适生区种植，宜春季栽植。

四、注意事项

果实上色快，颜色鲜艳，果点稀小，果面光滑，无果锈，变异性状稳定，注意防控枝干轮纹病、腐烂病等富士类苹果主要病害。

第二十三节

烟富3号

↑ 图 1.69 **烟富 3 号结果树**

登记编号： GPD 苹果（2018）370003
品种来源： 长富 2 号中选出的红富士苹果优系
登记单位： 山东省烟台市农业科学研究院

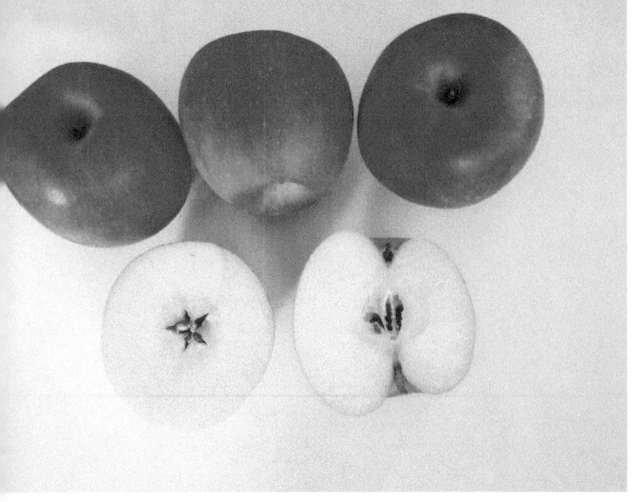

← 图 1.70　烟富 3 号结果枝
← 图 1.71　烟富 3 号切面图

一、特征特性

鲜食。大果型，平均单果重 280g，果实圆形或长圆形、周正，易着色，浓红艳丽，片红，全红果比例达 78% ~ 80%，果肉淡黄色。形态特性和生长结果特性与普通富士和长富 2 号相似，果实的综合性状优于目前生产中大量栽植的长富 2 号、长富 1 号等富士品系，果肉致密甜脆，硬度 8.7 ~ 9.4kg/cm^2，可溶性固形物含量 14.8% ~ 15.4%，可滴定酸含量 0.13%，风味佳。抗枝干轮纹病、腐烂病和斑点落叶病能力中等，抗寒、抗旱能力中等。第 1 生长周期亩产 2000kg，比对照长富 2 号增产 2%；第 2 生长周期亩产 4500kg，比对照长富 2 号增产 1%。

二、栽培技术要点

果园活土层达到40cm以上、有浇水条件的地方可采用矮化砧栽培；无浇水条件的丘陵薄地仍采用乔化砧栽培。M9自根砧苗木定植株行距为1.5m×4.0m，树形采用细长纺锤形；M7、MM106自根砧苗和M26中间砧苗可采用（2.5～3.0）m×4.0m的株行距；乔化砧可采用（3.0～4.0）m×5.0m的宽行密植栽植方式，采用自由纺锤形，保证行间通风透光。建园配置适当的授粉树，可与红露、嘎拉、珊夏、山农红等品种互为授粉树，也可栽植专用授粉品种。春季采用大苗壮苗建园，定干高度为0.9～1.0m，起垄栽培，行间人工生草或自然生草。矮化砧苗木，在栽植当年应注意在幼树期扶干，根据树势确定早期合理的留果量，树冠未充分形成时，尽量不留果。为提高果面光洁度和外观质量，宜采用套袋栽培，5月底6月初套袋，在烟台地区10月初摘袋。果实采收后施用基肥，基肥以腐熟的农家肥为主，混加少量氮素化肥和钙镁磷肥，要求是斤果斤肥，施用方法以沟施为主，不提倡撒施。在施足基肥的基础上，在果实生长的关键期进行土壤追肥和叶面喷肥，前期以氮肥为主，后期以磷、钾肥为主。为提高果实品质，应注意适期采收。

三、适宜种植区域及季节

适宜在山东省、陕西省、河北省、山西省、甘肃省及云南省的苹果适生区种植，宜春季栽植。

四、注意事项

注意防范花期霜冻、枝干轮纹病、腐烂病等富士类苹果主要病害。

第二十四节

芝阳红

↑ 图1.72 芝阳红开花状

登记编号： GPD 苹果（2018）370059
品种来源： 新世界芽变
登记单位： 山东省烟台市农业科学研究院

→ 图 1.73　芝阳红结果树
→ 图 1.74　芝阳红单果
→ 图 1.75　芝阳红切面照

一、特征特性

鲜食。树姿半开张，属短枝类型。幼树生长旺盛，枝条健壮、生长快，生长势强，定植幼树一般第2年即可成形。以中果枝和腋花芽结果为主，随树龄增大逐渐以短果枝和中果枝结果为主，5年生以上结果树中、短果枝结果比例占90%以上；果台副梢连续结果能力强。花序和花朵坐果率均很高，生理落果程度轻，在授粉树配置合理的果园无需人工授粉即可达到丰产需求。果实近圆形，整齐端正，平均纵径7.3cm，横径9.1cm；果实底色黄绿色，果面着浓红色，着色面积90%以上。果肉黄白色，肉质细，脆；汁液多，风味酸甜适口，浓郁清香。果实成熟后存在树上，果肉不易发绵。采收后，室温下可贮藏 60 天。冷藏可至翌年 2 月。可溶性固形物含量 13.5%，可滴定酸含量 0.29%，平均单果重 292.8g，果肉硬度 10.4kg/cm^2。高抗枝干轮纹病和腐烂病，中抗斑点落叶病和炭疽叶枯病，抗寒、抗旱能力中等。第 1 生长周期亩产 2500kg，比对照新世界增产 2%；第 2 生长周期亩产 4576kg，比对照新世界增产 4%。

二、栽培技术要点

树冠紧凑，短枝性状明显，以八棱海棠实生砧木为基砧，定植株行距以（2 ~ 2.5）m×4m 为宜，采用 M26、M9 矮化砧，株行距以 1.5m×4m 为宜，树形采用自由纺锤形。建园时建议采用起垄栽培模式，行间种植黑麦草或鼠茅草，有条件的果园可安装肥水一体化设施或微喷灌溉设施，提高肥水利用效率。为提高果实品质，秋施基肥时，建议每株盛果期的树可增施 3.0kg 的稻壳炭肥。该品种为极易着色品种，可以进行无套袋栽培，提高果实的口感品质。

三、适宜种植区域及季节

适宜在山东、河北、陕西苹果适栽区春季种植。

四、注意事项

由于苹果品种新世界的杂交亲本为富士和赤诚，有富士亲本，不宜与红富士品种互作授粉树，因此可选用专用的海棠授粉品种，也可与嘎拉、美国 8 号、红露等品种互为授粉树。芝阳红品种果柄较短，套袋前要注意严格打药，并注意封严袋口，以免病菌侵入。

第二十五节

艾山红

↑ 图 1.76　艾山红结果母树

登记编号：GPD 苹果（2019）370010

品种来源：岩富 10 芽变

登记单位：山东省烟台市农业科学研究院

← 图 1.77　艾山红结果枝

← 图 1.78　艾山红切面照

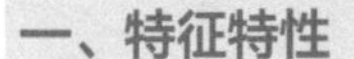

一、特征特性

鲜食。该品种树体强健，果实长圆形，果形指数 0.87，果个大，平均单果重 274.8g，果梗平均长 2.6cm，果实底色黄绿，果面全面着鲜红色条纹，梗洼、萼洼均可着色，与母树岩富 10 相比颜色更为鲜艳，与条纹富士品种 2001 相比，艾山红的果实条纹较宽，上色更为均匀；果皮蜡质厚，果面光滑洁净，无锈，有果粉，果点小；果肉乳黄色，肉质细脆，风味酸甜，汁液中多，香气浓郁，耐贮藏，无采前落果现象，在烟台周边地区 10 月中旬果实成熟。可溶性固形物含量 15.2%，可滴定酸含量 0.12%，果肉硬度 9.8kg/cm^2。抗枝干轮纹病、腐烂病和斑点落叶病，抗寒、抗旱能力中等。第 1 生长周期亩产 2200kg，比对照岩富 10 增产 2%；第 2 生长周期亩产 4400kg，比对照岩富 10 增产 3%。

二、栽培技术要点

果园活土层达到40cm以上、有浇水条件的地方可采用矮化砧栽培；无浇水条件的丘陵薄地仍采用乔化砧栽培。M9自根砧苗木定植株行距一般为1.5m×4.0m，树形采用细长纺锤形；M7、MM106自根砧砧木苗和M26中间砧苗可采用（2.5～3.0）m×4.0m的株行距；乔化砧苗可采用（3.0～4.0）m×5.0m的宽行密植栽植方式，树形采用自由纺锤形，保证行间通风透光。建园配置适当的授粉树，可与红露、嘎拉、珊夏、山农红等品种互为授粉树，也可栽植专用授粉品种。春季采用大苗壮苗建园，定干高度为0.9～1.0m，起垄栽培，行间人工生草或自然生草；树形可选择自由纺锤形或高纺锤形，以提高品种早果丰产能力。矮化砧苗木，在栽植当年应注意在幼树期扶干，并根据树势确定早期合理留果量，树冠未充分形成时，尽量不留果。为提高果面光洁度和外观质量，宜采用套袋栽培，5月底6月初套袋，在烟台地区10月初摘袋。果实采收后施用基肥，基肥以腐熟的农家肥为主，混加氮磷钾复合肥和钙镁磷肥，农家肥要求是斤果斤肥，施用方法以沟施为主，不提倡撒施。在施足基肥的基础上，在果实生长的关键期进行土壤追肥和叶面喷肥，前期以氮肥为主，后期以磷、钾肥为主。为提高果实品质，应注意适期采收。

三、适宜种植区域及季节

适宜在山东、河北、甘肃、云南、辽宁苹果适生区春季栽植。

四、注意事项

注意防控枝干轮纹病、腐烂病等富士类苹果主要病害。

第二十六节

虹富短枝6号

↑ 图1.79　**虹富短枝6号结果树**

登记编号：GPD 苹果（2018）370050
品种来源：惠民短枝芽变
登记单位：栖霞市映山红苗木专业合作社

→ 图 1.80　虹富短枝 6 号花
→ 图 1.81　虹富短枝 6 号横切面
→ 图 1.82　虹富短枝 6 号纵切面

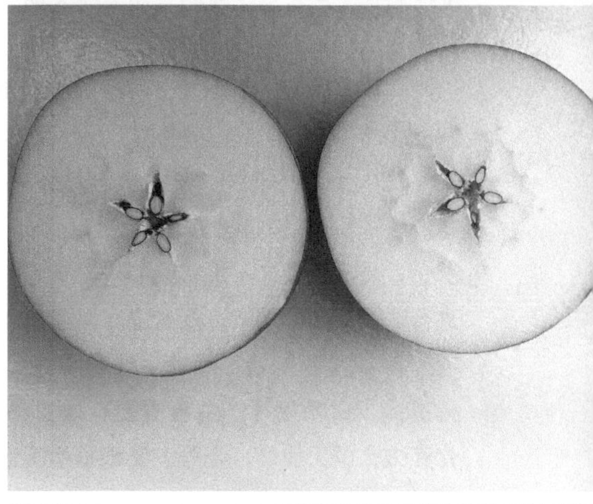

一、特征特性

鲜食。该品种树皮呈浅灰褐色、粗糙，一年生枝较粗壮，节间比普通富士短，叶片质厚，叶芽饱满，花芽肥大，萌芽率高，短枝性状明显，树势开张。在烟台地区初花期为 4 月 20 日前后，果实大型，果形圆至长圆形，果形端正，平均单果重 268g，横径 7.6 ～ 10cm；果肉乳白色略黄，硬度较大，肉质爽脆，汁液多，风味香甜。果柄较短；树冠上下、内外着色均好，片红略带条纹，全红果比例达 86%，色泽浓红艳丽，光泽美观；10 月下旬成熟，结果早。套纸袋的果实摘袋后 5 ～ 7 天即达满红。可溶性固形物含量 15.6%，可滴定酸含量 0.21%，果肉硬度 10.3kg/cm^2。抗黑点病、红点病、炭疽病，对粗皮病、轮纹病、霉心病的抗性同惠民短枝富士，抗枝干轮纹病、腐烂病和斑点落叶病能力中等。无采前生理落果现象，抗日烧、皴裂、果锈、裂口等能力比较强，对土壤、气候、水质等环境条件的适应性比较强。第 1 生长周期亩产 1326kg，比对照惠民短枝增产 2.0%；第 2 生长周期亩产 2300kg，比对照惠民短枝增产 1.0%。

二、栽培技术要点

① 园地选择　丘陵坡地，要求活土层达到 40cm，有机质含量 0.8% 以上。平原地区，要求地下水位在 1.5m 以下。

② 栽植　土壤和灌溉条件较好的园地，

提倡利用矮化砧木，丘陵山地等土壤相对瘠薄的园地，利用乔化砧木栽植。根据砧木矮化性状和机械化作业要求，确定适宜的株行距。M9 优系自根砧苗木株行距为（0.8 ～ 1.2）m×（3.2 ～ 3.5）m，M26、SH 系等中间砧苗木为（2.0 ～ 2.5）m×（4.0 ～ 4.5）m。

③ 种植前对土壤进行改良的方法　一是每亩施用 2000 ～ 3000kg 有机肥并深翻；二是以草代肥，一般每亩地施用 3000kg 的农作物秸秆或者是杂草，并配合施用 120 ～ 140kg 纯氮量的速效氮肥，掺土拌匀，浇足水。

④ 配置好授粉树　选择烟嘎 3 号、太平洋嘎拉、金红嘎拉、王林、金帅、红露、美国 8 号等中早熟品种。

⑤ 树形管理　乔砧果园应用自由纺锤树形，矮砧果园选用高纺锤形。

⑥ 肥水管理　秋季一次性施足基肥，以有机肥为主，每亩 2000 ～ 3000kg；3 ～ 8 月花前期、幼果膨大期、采收前一个月进行 2 ～ 4 次追肥，前期每次每株施尿素或磷酸氢二铵 50g，后期适当增加磷钾肥，适当叶面追肥。施肥后及时浇水，日常根据土壤墒情及时浇水。

⑦ 花果管理　该品种成花、坐果容易，坐果率高，要及时疏花疏果，20 ～ 30cm 留一个果，一个果台只留一个健壮果；在花后 20 天内完成疏花疏果，及时喷布杀虫杀菌剂，选好药剂避免药害，保护好果实，在喷药后 2 ～ 7 天内可以进行果实套袋。采收前 15 ～ 20 天根据情况去除纸袋，并进行适度摘叶、转果，及时浇水、喷药保护。

⑧ 病虫害防治　病害主要有腐烂病、轮纹病、炭疽病、斑点落叶病、褐斑病、白粉病等。虫害主要有蚜虫，红、白蜘蛛，卷叶蛾，金纹细蛾，介壳虫，康氏粉蚧，等等。要根据情况选择适当的农药及时进行防治。

三、适宜种植区域及季节

适宜在山东、陕西、山西、甘肃、河南、宁夏、河北、辽宁南部、新疆南疆地区苹果种植区以及云南和贵州高海拔冷凉区域种植，适宜种植季节为秋季（土壤封冻以前）和春季。

四、注意事项

注意养分平衡供应，合理平衡负载、防止大小年结果，防止树势衰弱，保证正常结果。雨季注意防治斑点落叶病、霉心病等，和普通红富士一样防治管理。建议花期在风力自然传粉基础上放壁蜂等帮助授粉，保证丰产稳产。

第二十七节

虹烟富2111

↑ 图1.83 虹烟富2111花

← 图1.84 虹烟富2111果实

↓ 图1.85 虹烟富2111结果树

↑ 图 1.86　虹烟富 2111 横切面

↑ 图 1.87　虹烟富 2111 纵切面

登记编号：GPD 苹果（2018）370051
品种来源：长富 2 号芽变
登记单位：栖霞市映山红苗木专业合作社

一、特征特性

鲜食。该品种的树皮呈浅灰褐色、粗糙，一年生枝较粗壮，节间比普通富士短，叶片肥厚，叶芽饱满，花芽肥大，萌芽率高，有短枝性状，树势开张。在烟台地区初花期为 4 月 20 日前后，果实大型，果形圆至长圆形，果形端正，平均单果重 261g，横径 7.6 ~ 10cm；果肉乳白色略黄，硬度较大，肉质爽脆，汁液多，风味香甜；果柄中短；树冠上下、内外着色均好，全果面均匀分布红色条纹，全红果比例 90% 以上，色泽艳丽，美观；10 月下旬成熟，结果早，丰产稳产，适应性强。套纸袋的果实摘袋后 5 ~ 7 天即达满红。可溶性固形物含量 15.8%，可滴定酸含量 0.2%，果肉硬度 11.6kg/cm^2。抗黑点病、红点病、炭疽病，对粗皮病、轮纹病、霉心病的抗性同长富 2 号。抗枝干轮纹病、腐烂病和斑点落叶病能力中等。无采前生理落果现象，抗日烧、皴裂、果锈、裂口等能力比较强，对土壤、气候、水质等环境条件的适应性比较强。第 1 生长周期亩产 1940kg，比对照长富 2 号减产 1.0%；第 2 生长周期亩产 4410kg，比对照长富 2 号减产 2.0%。

二、栽培技术要点

① 园地选择　丘陵坡地，要求活土层达到 40cm，有机质含量 0.8% 以上。平原地区，要求地下水位在 1.5m 以下。

② 栽植　土壤和灌溉条件较好的园地，提倡利用矮化砧木，丘陵山地等土壤相对瘠薄的园地，利用乔化砧木栽植。根据砧木矮化性状和机械化作

业要求，确定适宜的株行距。M9 优系自根砧苗木株行距为（0.8 ~ 1.2）m×（3.2 ~ 3.5）m，M26、SH 系等中间砧苗木为（2.0 ~ 2.5）m×（4.0 ~ 4.5）m。

③ 种植前对土壤进行改良的方法　一是每亩施用 2000 ~ 3000kg 有机肥并深翻；二是以草代肥，一般每亩地施用 3000kg 的农作物秸秆或者是杂草，并配合施用 120 ~ 140kg 纯氮量的速效氮肥，掺土拌匀，浇足水。

④ 配置好授粉树　选择烟嘎 3 号、太平洋嘎拉、金红嘎拉、王林、金帅、红露、美国 8 号等中早熟品种。

⑤ 树形管理　乔化砧果园应用自由纺锤树形，矮化砧果园选用高纺锤形。

⑥ 肥、水管理　秋季一次性施足基肥，以有机肥为主，每亩 2000 ~ 3000kg；3 ~ 8 月花前期、幼果膨大期、采收前一个月进行 2 ~ 4 次追肥，前期每次每株施尿素或磷酸氢二铵 50g，后期适当增加磷钾肥，适当叶面追肥。施肥后及时浇水，日常根据土壤墒情及时浇水。

⑦ 花果管理　该品种成花、坐果容易，坐果率高，要及时疏花疏果，20 ~ 30cm 留一个果，一个果台只留一个健壮果；在花后 20 天内完成疏花疏果，及时喷布杀虫杀菌剂，选好药剂避免药害，保护好果实，在喷药后 2 ~ 7 天内可以进行果实套袋。采收前 15 ~ 20 天根据情况去除纸袋，并进行适度摘叶、转果，及时浇水、喷药保护。

⑧ 病虫害防治　病害主要有腐烂病、轮纹病、炭疽病、斑点落叶病、褐斑病、白粉病等。虫害主要有蚜虫，红、白蜘蛛，卷叶蛾，金纹细蛾，介壳虫，康氏粉蚧等。要根据情况选择适当的农药及时进行防治。

三、适宜种植区域及季节

适宜在山东、陕西、山西、甘肃、河南、宁夏、河北、辽宁南部、新疆南疆地区苹果种植区以及云南和贵州的高海拔冷凉区域种植，适宜种植季节为秋季（土壤封冻以前）和春季。

四、注意事项

注意养分平衡供应，合理平衡负载，防止大小年结果，防止树势衰弱，保证正常结果。雨季注意防治斑点落叶病、霉心病等，和普通红富士一样防治管理。建议花期在风力自然传粉基础上放壁蜂等帮助授粉，保证丰产稳产。

第二十八节

虹烟富

← 图 1.88　虹烟富花

↑ 图 1.89　虹烟富果实

← 图 1.90　虹烟富结果树

登记编号： GPD 苹果（2018）370052

品种来源： 长富 2 号芽变

登记单位： 栖霞市映山红苗木专业合作社

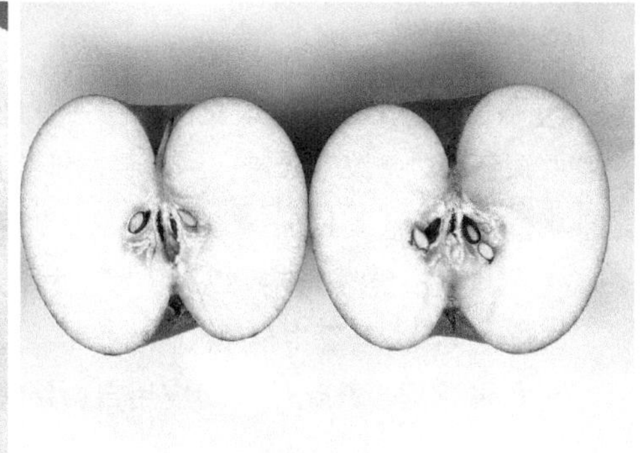

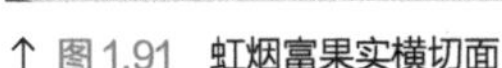

↑ 图 1.91　虹烟富果实横切面

↑ 图 1.92　虹烟富果实纵切面

一、特征特性

鲜食。该品种的树皮呈浅灰褐色、粗糙，一年生枝较粗壮，节间比普通富士短，叶片质厚，叶芽饱满，花芽肥大，萌芽率高，有短枝性状，树势开张。在烟台地区初花期为 4 月 20 日前后，果实大型，果形圆至长圆形，果色红色，果形端正，横径 7.6 ~ 10cm；果肉乳白色略黄，硬度较大，可溶性固形物含量 15.5%，可滴定酸含量 0.19%，肉质爽脆，汁液多，风味香甜；果柄中短；树冠上下、内外着色均好，片红略带条纹，全红果比例 86% 以上，色泽浓红艳丽，光泽美观；该品种 10 月下旬成熟，结果早。套纸袋的果实摘袋后 5 ~ 7 天即达满红。平均单果重 266g，果肉硬度 11.2kg/cm^2。抗黑点病、红点病、炭疽病，对粗皮病、轮纹病、霉心病的抗性同长富 2 号。抗枝干轮纹病、腐烂病和斑点落叶病能力中等。无采前生理落果现象，抗日烧、皴裂、果锈、裂口能力比较强，对土壤、气候、水质等环境条件的适应性比较强。第 1 生长周期亩产 2200kg，比对照长富 2 号增产 3.0%；第 2 生长周期亩产 4500kg，比对照长富 2 号增产 2.0%。

二、栽培技术要点

① 园地选择　丘陵坡地，要求活土层达到 40cm，有机质含量 0.8% 以上。平原地区，要求地下水位在 1.5m 以下。

② 栽植　土壤和灌溉条件较好的园地，提倡利用矮化砧木，丘陵山地等土壤相对瘠薄的园地，利用乔化砧木栽植。根据砧木矮化性状和机械化作业要求，确定适宜的株行距。M9 优系自根砧苗木株行距为（0.8 ~ 1.2）m×（3.2 ~ 3.5）m，M26、SH 系等中间砧苗木为（2.0 ~ 2.5）m×（4.0 ~ 4.5）m。

③ 种植前对土壤进行改良的方法　一是每亩施用 2000 ~ 3000kg 有机肥并深翻；二是以草代肥，一般每亩地施用 3000kg 的农作物秸秆或者是杂草，并配合施用 120 ~ 140kg 纯氮量的速效氮肥，掺土拌匀，浇足水。

④ 配置好授粉树　选择烟嘎 3 号、太平洋嘎拉、金红嘎拉、王林、金帅、红露、美国 8 号等中早熟品种。

⑤ 树形管理　乔化砧果园应用自由纺锤树形，矮化砧果园选用高纺锤形。

⑥ 肥水管理　秋季一次性施足基肥，以有机肥为主，每亩 2000 ~ 3000kg；3 ~ 8 月花前期、幼果膨大期、采收前一个月进行 2 ~ 4 次追肥，前期每次每株施尿素或磷酸氢二铵 50g，后期适当增加磷钾肥，适当叶面追肥。施肥后及时浇水，日常根据土壤墒情及时浇水。

⑦ 花果管理　该品种成花、坐果容易，坐果率高，要及时疏花疏果，20 ~ 30cm 留一个果，一个果台只留一个健壮果；在花后 20 天内完成疏花疏果，及时喷布杀虫杀菌剂，选好药剂避免药害，保护好果实，在喷药后 2 ~ 7 天内可以进行果实套袋。采收前 15 ~ 20 天根据情况去除纸袋，并进行适度摘叶、转果，及时浇水、喷药保护。

⑧ 病虫害防治　病害主要有腐烂病、轮纹病、炭疽病、斑点落叶病、褐斑病、白粉病等。虫害主要有蚜虫，红、白蜘蛛，卷叶蛾，金纹细蛾，介壳虫，康氏粉蚧，等等。要根据情况选择适当的农药及时进行防治。

三、适宜种植区域及季节

适宜在山东、陕西、山西、甘肃、河南、宁夏、河北、辽宁南部、新疆南疆地区苹果种植区以及云南和贵州的高海拔冷凉区域种植，适宜种植季节为秋季（土壤封冻以前）和春季。

四、注意事项

注意养分平衡供应，合理平衡负载、防止大小年结果，防止树势衰弱，保证正常结果。雨季注意防治斑点落叶病、霉心病等，和普通红富士一样防治管理。建议花期在风力自然传粉基础上放壁蜂等帮助授粉，保证丰产稳产。

第二十九节

鑫烟富

← 图 1.93　**鑫烟富花**

← 图 1.94　**鑫烟富果实**

↓ 图 1.95　**鑫烟富结果树**

登记编号： GPD 苹果（2018）370053

品种来源： 长富 2 号芽变

登记单位： 栖霞市映山红苗木专业合作社

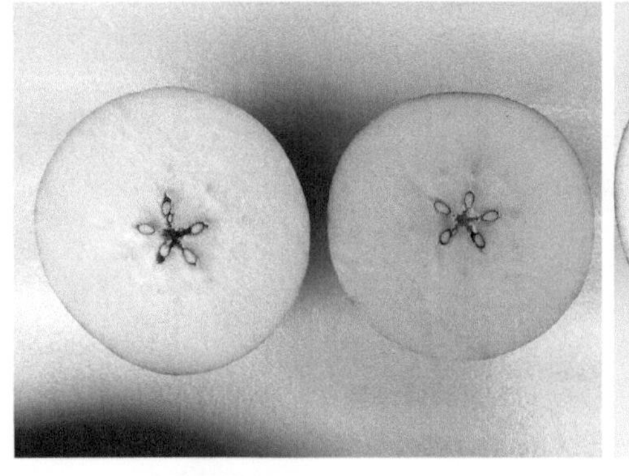

↑ 图 1.96 霜烟富横切面

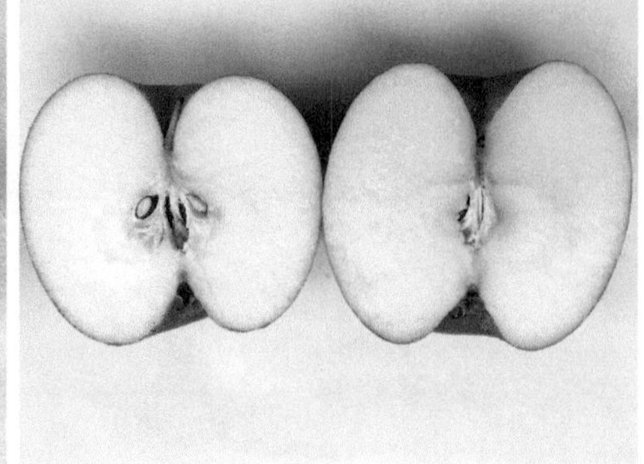

↑ 图 1.97 霜烟富纵切面

一、特征特性

鲜食。该品种的树皮呈浅灰褐色、粗糙，一年生枝较粗壮，节间比普通富士短，叶片质厚，叶芽饱满，花芽肥大，萌芽率高，有短枝性状，树势开张。在烟台地区初花期为 4 月 20 日前后，果实大型，果形圆至长圆形，果色红色，果形端正，平均单果重 265g，横径 7.6 ~ 10cm；果肉乳白色略黄，硬度较大，肉质爽脆，汁液多，风味香甜；果柄中短；树冠上下、内外着色均好，片红略带条纹，全红果比例 86% 以上，色泽浓红艳丽，光泽美观；10 月下旬成熟，结果早。套纸袋的果实摘袋后 5 ~ 7 天即达满红。可溶性固形物含量 15.6%，可滴定酸含量 0.2%，果肉硬度 11kg/cm^2。抗黑点病、红点病、炭疽病，对粗皮病、轮纹病、霉心病的抗性同长富 2 号，抗枝干轮纹病、腐烂病和斑点落叶病能力中等。无采前生理落果现象，抗日烧、皴裂、果锈、裂口能力比较强，对土壤、气候、水质等环境条件的适应性比较强。第 1 生长周期亩产 1978kg，比对照长富 2 号增产 2.0%；第 2 生长周期亩产 4495kg，比对照长富 2 号增产 1.0%。

二、栽培技术要点

① 园地选择 丘陵坡地，要求活土层达到 40cm，有机质含量 0.8% 以上。平原地区，要求地下水位在 1.5m 以下。

② 栽植 土壤和灌溉条件较好的园地，提倡使用矮化砧木，丘陵山地等土壤相对瘠薄的园地，利用乔化砧木栽植。根据砧木矮化性状和机械化作业要求，确定适宜的株行距。M9 优系自根砧苗木株行距为（0.8 ~ 1.2）m×（3.2 ~ 3.5）m，M26、SH 系等中间砧苗木为（2.0 ~ 2.5）m×（4.0 ~ 4.5）m。

③ 种植前对土壤进行改良的方法 一是每亩施用 2000 ~ 3000kg

有机肥并深翻；二是以草代肥，一般每亩地施用 3000kg 的农作物秸秆或者是杂草，并配合施用 120 ~ 140kg 纯氮量的速效氮肥，掺土拌匀，浇足水。

④ 配置好授粉树　选择烟嘎 3 号、太平洋嘎拉、金红嘎拉、王林、金帅、红露、美国 8 号等中早熟品种。

⑤ 树形管理　乔化砧果园应用自由纺锤树形，矮化砧果园选用高纺锤形。

⑥ 肥、水管理　秋季一次性施足基肥，以有机肥为主，每亩 2000 ~ 3000kg；3 ~ 8 月花前期、幼果膨大期、采收前一个月进行 2 ~ 4 次追肥，前期每次每株施尿素或磷酸氢二铵 50g，后期适当增加磷钾肥，适当叶面追肥。施肥后及时浇水，日常根据土壤墒情及时浇水。

⑦ 花果管理　成花、坐果容易，坐果率高，要及时疏花疏果，20 ~ 30cm 留一个果，一个果台只留一个健壮果；在花后 20 天内完成疏花疏果，及时喷布杀虫杀菌剂，选好药剂避免药害，保护好果实，在喷药后 2 ~ 7 天内可以进行果实套袋。采收前 15 ~ 20 天根据情况去除纸袋，并进行适度摘叶、转果，及时浇水、喷药保护。

⑧ 病虫害防治　病害主要有腐烂病、轮纹病、炭疽病、斑点落叶病、褐斑病、白粉病等。虫害主要有蚜虫，红、白蜘蛛，卷叶蛾，金纹细蛾，介壳虫，康氏粉蚧，等等。要根据情况选择适当的农药及时进行防治。

三、适宜种植区域及季节

适宜在山东、陕西、山西、甘肃、河南、宁夏、河北、辽宁南部、新疆南疆地区苹果种植区以及云南和贵州的高海拔冷凉区域种植，适宜种植季节为秋季土壤封冻以前和春季。

四、注意事项

注意养分平衡供应，合理平衡负载、防止大小年结果，防止树势衰弱，保证正常结果。雨季注意防治斑点落叶病、霉心病等，和普通红富士一样防治管理。建议花期在风力自然传粉基础上放壁蜂等帮助授粉，保证丰产稳产。

第三十节

艳富

↑ 图 1.98　艳富谢花状

↑ 图 1.99　艳富结果枝组

↓ 图 1.100　艳富结果单株

登记编号： GPD 苹果（2020）370031

品种来源： 烟富 3 号芽变

登记单位： 烟台北方果蔬技术开发连锁有限公司，烟台现代果业发展有限公司

↑ 图 1.101　艳富横切面

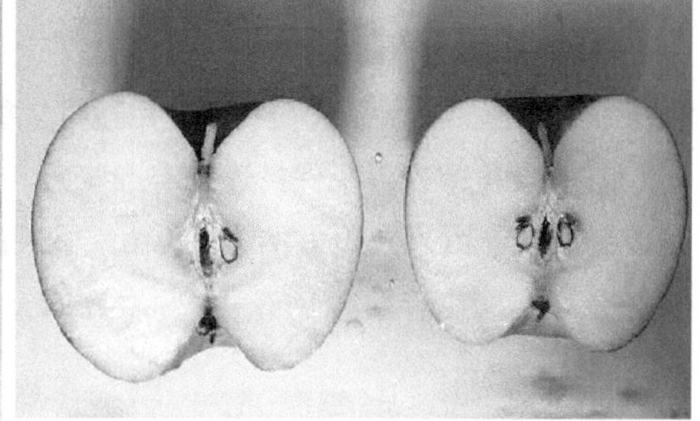

↑ 图 1.102　艳富纵切面

一、特征特性

鲜食。该品种树冠中大，干性较强，枝条粗壮。多年生枝红褐色，皮孔小、较密、圆形、凸起、白色。叶片大，平均叶宽 4.6cm，长 10.3cm，多为长船形，色泽浓绿，叶面平展，茸毛较少，叶缘锯齿较锐，叶柄长 2.6cm 左右。花蕾粉红色，盛开后花瓣白色，花冠直径 3.3cm，花粉多。该品种果实发育期为 180 天左右，10 月底成熟。果实近圆形，高桩，果形指数 0.89，平均单果重 260g。果实着色艳丽，果面光洁，果肉淡黄色，爽脆多汁，口味香甜。幼树长势较旺，萌芽率高，成枝力强，成龄树树势中庸。经调查，盛果期树枝类组成为：长枝占 4.3%，中枝占 29.3%，短枝占 35.0%，叶丛枝占 31.4%。以中短果枝结果为主，易成花，对授粉品种无特殊要求，异花授粉坐果率高，花序坐果率可达 80% 以上。果台枝易连续结果，肥水充足可连续结果 3 年以上。果个中，丰产性好，在加强肥水管理和合理修剪的情况下，乔化种植第 3 年可开始结果，4 ~ 5 年进入丰产期，不易产生大小年。可溶性固形物含量 16.6%，可滴定酸含量 0.15%，平均硬度 9.1kg/cm^2。高抗炭疽病、斑点落叶病。对土壤酸碱度适应性强，但不适宜强酸性土壤种植。第 1 生长周期亩产 2655kg，比对照烟富 3 号增产 9.2%；第 2 生长周期亩产 3580kg，比对照烟富 3 号增产 10%。

二、栽培技术要点

① 选址　选择土壤肥沃、有浇水条件、不易遭受霜冻的非重茬地栽培，园区环境符合 NY/T 5010—2016《无公害农产品　种植业产地环境条件》要求。

② 栽植　栽植时间建议为 3 月中旬左右。建议株行距为 2.5m×4m，

按照细长纺锤形发展，授粉树可选用嘎拉、鲁丽、维纳斯黄金等。

③ 合理负载　为了保持连续丰产能力，一定要做好疏花疏果工作，合理控制产量，留果间距大约为 20cm，留果量根据树势不同而不同，一般建议挂果初期亩产量控制在 1500kg 左右，丰产期亩产量控制在 4000kg 左右。

④ 肥水管理　根据留果量合理施肥，一般可按每生产 1000kg 苹果施用纯氮 1kg、纯磷 0.6kg、纯钾 1kg，外加 300 ~ 500kg 优质商品有机肥或菌肥，可分时期施用，一般施肥时期为果实采收后、花前、7 月份及 9 月份。此外全年可喷施 5 ~ 6 次叶面营养，补充所需中微量元素。并根据土壤墒情适时浇水。

⑤ 病虫害防治　常见病虫害有斑点落叶病、轮纹病、白粉病、锈病、褐斑病、黑点病、蚜虫、红蜘蛛、金纹细蛾、桃蛀果蛾、绿盲蝽、棉蚜、康氏粉蚧等，同时注意预防苦痘病、缩果病等生理性病害。

⑥ 套袋　该品种套袋或不套袋都可栽植，套袋时间为谢花后 25 ~ 40 天，摘袋时间花后 150 天左右，胶东地区一般为 9 月底 10 月初，摘袋后根据需要铺设反光膜，并及时摘去遮光叶片、转动果面位置，促进果实着色。

三、适宜种植区域及季节

适宜在山东、陕西、山西、甘肃、河北、河南、云南、贵州、新疆富士苹果种植地区春季栽植。

四、注意事项

该品种对轮纹病抗性一般，防治方法一是休眠期刮除枝干轮纹粗皮，二是幼果期喷药保护幼果，三是果实套袋。遭遇霜冻情况下易降低坐果率及产生果锈，必须注意预防霜冻。

第三十一节

彩霞红

← 图 1.103　彩霞红结果枝组
↓ 图 1.104　彩霞红花

登记编号： GPD 苹果（2020）370030
品种来源： 2001 芽变
登记单位： 烟台北方果蔬技术开发连锁有限公司，烟台现代果业发展有限公司

← 图 1.105　彩霞红横切面

↓ 图 1.106　彩霞红纵切图

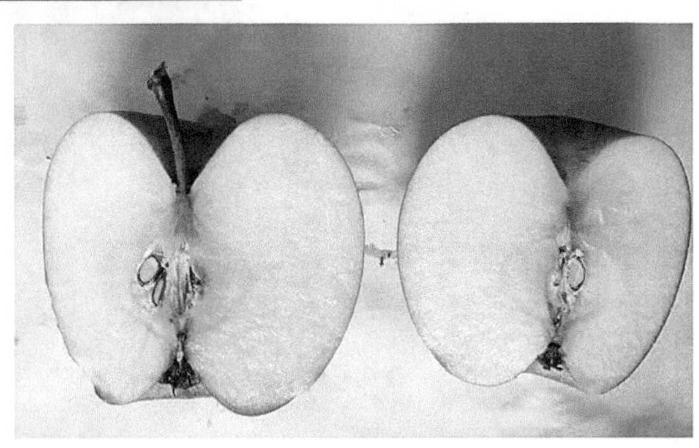

一、特征特性

鲜食。该品种树冠中大，干性较强，枝条粗壮。多年生枝红褐色，皮孔小、较密、圆形、凸起、白色。叶片大，平均叶宽 4.5cm，长 10.1cm，多为长船形，色泽浓绿，叶面平展，茸毛较少，叶缘锯齿较锐，叶柄长 2.4cm 左右。花蕾粉红色，盛开后花瓣白色，花冠直径 3.3cm，花粉多。果实圆形或近圆形，高桩，果形指数 0.88，单果重 370g，大小均匀。底色黄绿，成熟后密布鲜红色条纹，着色鲜艳；果面光滑，蜡质多，果梗细长。果皮较薄，果肉黄白色，肉细脆，汁液多。该品种树势强健，枝条粗壮，生长量大。新梢生长势强，萌芽率高，1 年生枝萌芽率可达 76.7%，成枝力强。幼树生长旺盛，长枝比例大，一般占总枝量的 1/3 ~ 1/2；随着树龄的增长，中枝、短枝、叶丛枝的比例逐年增大，长枝比例逐年下降至占总枝量的 20% 左右。以短果枝结果为主，幼树容易形成腋花芽，一般腋花芽可占总花芽量的 10% ~ 25%。栽植第 3 年开始结果，第 5 年进入盛果期，平均亩产 2500 ~ 3500kg。可溶性固形物含量 17.2%，可滴定酸含量 0.18%，果肉硬度 13kg/cm^2。对轮纹病抗性一般，高抗生理性果锈。对土壤、气候适应性强，对地势与土壤要求不严格，但以土层深厚、排水良好的土壤为宜。第 1 生长周期亩产 2710kg，比对照 2001 增产 12.4%；第 2 生长周期亩产 3780kg，比对照 2001 增产 12.8%。

二、栽培技术要点

① 选址　选择土壤肥沃、有浇水条件、不易遭受霜冻的非重茬地栽培，园区环境符合 NY/T 5010—2016《无公害农产品　种植业产地环境条件》要求。

② 栽植　栽植时间建议为 3 月中旬左右。建议株行距为 2.5m×4m，按照细长纺锤形发展，授粉树可选用嘎拉、鲁丽、维纳斯黄金等。

③ 合理负载　为了保持连续丰产能力，一定要做好疏花疏果工作，合理控制产量，留果间距大约 20cm，留果量根据树势不同而不同，一般建议挂果初期亩产量控制在 1500kg 左右，丰产期亩产量控制在 4000kg 左右。

④ 肥水管理　根据留果量合理施肥，一般可按每生产 1000kg 苹果施用纯氮 1kg、纯磷 0.6kg、纯钾 1kg，外加 300 ~ 500kg 优质商品有机肥或菌肥，可分时期施用，一般施肥时期为果实采收后、花前、7 月份及 9 月份。此外全年可喷施 5 ~ 6 次叶面营养，补充所需中微量元素。并根据土壤墒情适时浇水。

⑤ 病虫害防治　常见病虫害有斑点落叶病、轮纹病、白粉病、锈病、褐斑病、黑点病、蚜虫、红蜘蛛、金纹细蛾、桃蛀果蛾、绿盲蝽、棉蚜、康氏粉蚧等，同时注意预防苦痘病、缩果病等生理性病害。

⑥ 套袋　该品种套袋或不套袋都可栽植，套袋时间为谢花后 25 ~ 40 天，摘袋时间花后 150 天左右，胶东地区一般为 9 月底 10 月初，摘袋后根据需要铺设反光膜，并及时摘去遮光叶片、转动果面位置，促进果实着色。

三、适宜种植区域及季节

适宜在山东、陕西、山西、甘肃、河北、河南、云南、贵州、新疆适合富士苹果种植地区进行春季栽植。

四、注意事项

该品种果个偏大，注意加强钙肥补充，预防苦痘病；幼果期每 7 ~ 10 天喷一遍药，以保护幼果。

第三十二节

烟霞红

← 图 1.107　**烟霞红花**

← 图 1.108　**烟霞红单果**

↓ 图 1.109　**烟霞红结果树**

登记编号：GPD 苹果（2020）370025

品种来源：烟富 1 芽变

登记单位：烟台中惠苹果种植有限公司

← 图 1.110　烟霞红横切面

↓ 图 1.111　烟霞红纵切面

一、特征特性

鲜食。该品种树皮呈浅灰褐色、粗糙，一年生枝较粗壮，叶片质厚，叶芽饱满，花芽肥大，萌芽率高，树势开张。果实大型，果形端正，圆至长圆形，果色红色，平均单果重 268g，横径 7.6 ~ 9.5cm；果肉乳白色略黄，肉质爽脆，汁液多，风味香甜。果柄较短，树冠上下内外着色均好。全红果，色泽浓红，果面白色星点相衬，美观独特。该品种 10 月中旬成熟，结果早，丰产稳产。套纸袋的果实摘袋后 5 ~ 7 天即达到满红，尤其在秋季高温、昼夜温差小时，比其他富士品种有明显的着色优势。在烟台地区初花期为 4 月 19 日前后。可溶性固形物含量 16.5%，可滴定酸含量 0.21%。抗黑点病、红点病、炭疽病，对粗皮病、轮纹病、霉心病的抗性同烟富 1。无采前生理落果现象，抗日烧、皴裂、果锈、裂口等能力比较强，对土壤、气候、水质等环境条件的适应性比较强。第 1 生长周期亩产 1212kg，比对照烟富 1 增产 10.2%；第 2 生长周期亩产 2645kg，比对照烟富 1 增产 15%。

二、栽培技术要点

① 园地选择　丘陵坡地，要求活土层达到 40cm，有机质含量 0.8% 以上。平原地区，要求地下水位在 1.5m 以下。

②栽植　土壤和灌溉条件较好的园地，提倡利用矮化砧木，丘陵山地等土壤相对瘠薄的园地，利用乔化砧木栽植。根据砧木矮化性状和机械化作业要求，确定适宜的株行距。

③种植前对土壤进行改良的方法　一是每亩施用2000～3000kg有机肥并深翻；二是以草代肥，一般每亩地施用3000kg的农作物秸秆或者杂草，并配合施用120～140kg纯氮量的速效氮肥，掺土拌匀，浇中量水。

④配置好授粉树　选择烟嘎3号、太平注嘎拉、金红嘎拉、王林、金帅、红露、美国8号等中早熟品种。

⑤树形管理　乔化砧果园应用自由纺锤树形，矮化砧果园选用高纺锤形。

⑥肥水管理　秋季一次性施足基肥，以有机肥为主，每亩2000～3000kg；3～8月花前期、幼果膨大期、采收前一个月进行2～4次追肥，前期每次每株施尿素或磷酸氢二铵50g，后期适当增加磷钾肥，适当叶面追肥。施肥后及时浇水，日常根据土壤墒情及时浇水。

⑦花果管理　成花、坐果容易，要及时疏花疏果，20～30cm留一个果，一个果台只留一个健壮果；在花后20天内完成疏花疏果，及时喷洒杀虫杀菌剂，选好药剂避免药害，保护好果实，在喷药2～7天内可以进行果实套袋。采收前15～20天根据情况去除纸袋，并进行适度摘叶、转果，及时浇水、喷药保护。

⑧病虫害防治　病害主要有腐烂病、轮纹病、炭疽病、斑点落叶病、褐斑病、白粉病等。虫害主要有蚜虫，红、白蜘蛛，卷叶蛾，金纹细蛾，介壳虫，康氏粉蚧等。要根据情况选择适当的农药及时进行防治。

三、适宜种植区域及季节

适宜在山东和新疆秋季土壤封冻以前和春季土壤化冻之后种植。

四、注意事项

在一般管理条件下，该品种定植后2～3年见果。树势生长较旺，注意养分平衡供应，合理平衡负载、防止大小年结果，防止树势衰弱，保证正常结果。雨季注意防治斑点落叶病、霉心病等。建议花期在风力自然传粉基础上放壁蜂等帮助授粉，保证丰产稳产。

第三十三节

中惠1号

← 图 1.112　**中惠 1 号单果照**

← 图 1.113　**中惠 1 号结果树**

登记编号：GPD 苹果（2020）370023

品种来源：乐乐富士芽变

登记单位：烟台中惠苹果种植有限公司

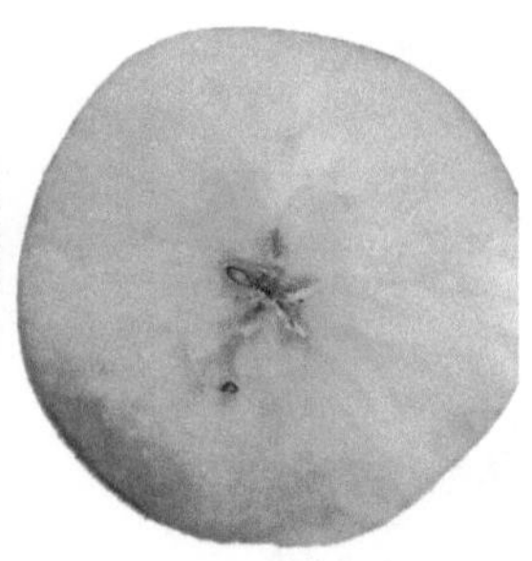

← 图 1.114　中惠 1 号横切面

↓ 图 1.115　中惠 1 号纵切面

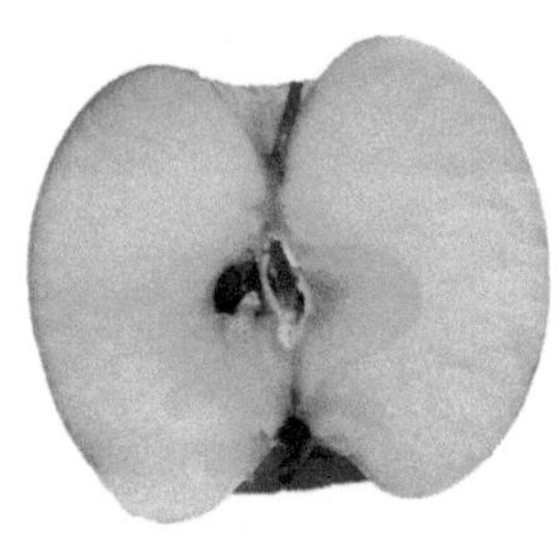
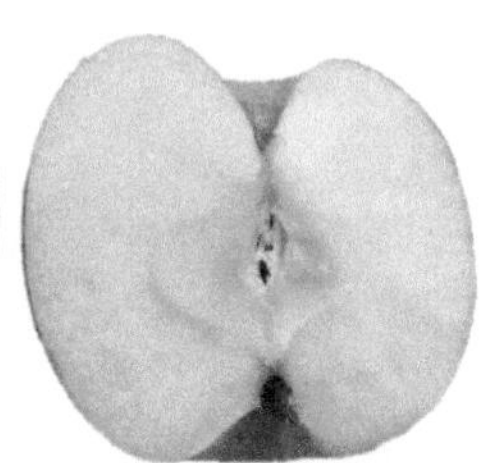

一、特征特性

鲜食。该品种树皮呈浅灰褐色、粗糙，一年生枝较粗壮，叶片质厚，叶芽饱满，花芽肥大，萌芽率高，树势开张。果实大型，果形端正，圆至长圆形，平均单果重 248g，横径 7.6 ~ 9.5cm；果肉乳白色略黄，肉质爽脆，汁液多，风味香甜。果柄较短，树冠上下内外着色均好。条纹红果，着色比 85% 以上，上色至萼洼和梗洼，梗洼处果锈较少。该品种 10 月中旬成熟，结果早。套纸袋的果实摘袋后 5 ~ 7 天即达到满红，尤其在秋季高温、昼夜温差小时，比其他富士品种有明显的着色优势。在烟台地区初花期为 4 月 19 日前后。可溶性固形物含量 16.5%，可滴定酸含量 0.22%。抗黑点病、红点病、炭疽病，对粗皮病、轮纹病、霉心病的抗性同乐乐富士。无采前生理落果现象，抗日烧、皴裂、果锈、裂口等能力比较强，对土壤、气候、水质等环境条件的适应性比较强。第 1 生长周期亩产 1326kg，比对照乐乐富士增产 10.5%；第 2 生长周期亩产 2622kg，比对照乐乐富士增产 14%。

二、栽培技术要点

① 园地选择　丘陵坡地，要求活土层达到 40cm，有机质含量 0.8%

以上。平原地区，要求地下水位在 1.5m 以下。

② 栽植　土壤和灌溉条件较好的园地，提倡利用矮化砧木，丘陵山地等土壤相对瘠薄的园地，利用乔化砧木栽植。

③ 种植前对土壤进行改良的方法　一是每亩施用 2000 ~ 3000kg 有机肥并深翻；二是以草代肥，一般每亩地施用 3000kg 的农作物秸秆或者杂草，并配合施用 120 ~ 140kg 纯氮量的速效氮肥，掺土拌匀，浇中量水。

④ 配置好授粉树　选择烟嘎 3 号、太平洋嘎拉、金红嘎拉、王林、金帅、红露、美国 8 号等中早熟品种。

⑤ 树形管理　乔化砧果园应用自由纺锤树形，矮化砧果园选用高纺锤形。

⑥ 肥水管理　秋季一次性施足基肥，以有机肥为主，每亩 2000 ~ 3000kg；3 ~ 8 月花前期、幼果膨大期、采收前一个月进行 2 ~ 4 次追肥，前期每次每株施尿素或磷酸氢二铵 50g，后期适当增加磷钾肥，适当叶面追肥。施肥后及时浇水，日常根据土壤墒情及时浇水。

⑦ 花果管理　成花、坐果容易，要及时疏花疏果，20 ~ 30cm 留一个果，一个果台只留一个健壮果；在花后 20 天内完成疏花疏果，及时喷洒杀虫杀菌剂，选好药剂避免药害，保护好果实，在喷药 2 ~ 7 天内可以进行果实套袋。采收前 15 ~ 20 天根据情况去除纸袋，并进行适度摘叶、转果，及时浇水、喷药保护。

⑧ 病虫害防治　病害主要有腐烂病、轮纹病、炭疽病、斑点落叶病、褐斑病、白粉病等。虫害主要有蚜虫，红、白蜘蛛，卷叶蛾，金纹细蛾，介壳虫，康氏粉蚧等。要根据情况选择适当的农药及时进行防治。

三、适宜种植区域及季节

适宜在山东和新疆秋季土壤封冻之前和春季土壤化冻后种植。

四、注意事项

在一般管理条件下，该品种定植后 2 ~ 3 年见果。注意养分平衡供应，合理平衡负载、防止大小年结果，防止树势衰弱，保证正常结果。雨季注意防治斑点落叶病、霉心病等。建议花期在风力自然传粉基础上放壁蜂等帮助授粉，保证丰产稳产。

第三十四节

青元红

登记编号：GPD 苹果（2020）370032
品种来源：烟富 3 号芽变选种
登记单位：烟台青农禾农业科技有限公司

← 图 1.116　青元红花
← 图 1.117　青元红横切面
↓ 图 1.118　青元红结果树

← 图 1.119　青元红结果枝

一、特征特性

鲜食。果实全红，鲜艳好似“鸡血红”，与烟富 3 号相比星点非常小，不破裂，果皮细嫩光亮，抗果锈。内膛果以及果的萼洼、梗洼都能全红，而且果柄也呈红色。果实是鲜红色，花蕊略带紫红色。摘袋后 3 天上色，5 ~ 6 天上满色。高桩大型果，果肉黄白色。口感脆甜爽口，并有清香味。可溶性固形物含量 14.6%，可滴定酸含量 0.17%，平均单果重 327g，果实长圆形，果粉厚，果点小。高抗斑点落叶病，对轮纹病抗性较差，对炭疽病中度抗病。抗冻能力较强，不易产生冻锈，对土壤酸碱度适应性强，但 pH 低于 4 以下易导致根系生长不良。第 1 生长周期亩产 1825kg，比对照烟富 3 号增产 10.5%；第 2 生长周期亩产 3685kg，比对照烟富 3 号增产 7.5%。

二、栽培技术要点

① 选址　选择土壤肥沃、有浇水条件、不易遭受霜冻的非重茬地栽培，园区环境要符合 NY/T 5010—2016《无公害农产品　种植业产地环境条件》要求。

② 栽植　栽植时间建议为 3 月中旬左右。乔化砧木栽植推荐株行距为（3 ~ 4）m×5m，矮化砧木株行距为（1.5 ~ 2）m×4m，授粉树可选用嘎拉。

③ 树形管理　根据各地及种植者习惯可采用三大主枝、自由纺锤形等多种树形。

④ 合理负载　易成花，为了保持连续丰产能力，一定要做好疏花疏果工作，合理控制产量，留果间距大约 20cm，留果量根据树势不同而不同，一般挂果初期建议每株 100 个左右，产量控制在 1500kg 左右，丰产期每株留果量为 500 个左右，亩产量控制在 4000kg 左右。

⑤ 肥水管理　应根据留果量合理施肥，一般可按每生产 1000kg 苹果施用纯氮 1kg、纯磷 0.6kg、纯钾 1.2kg，外加 300 ~ 500kg 优质商品有机肥或菌肥，可分时期施用，一般施肥时期为果实采收后、花前、7 月份及 9 月份。此外全年可喷施 5 ~ 6 次叶面营养，补充所需中微量元素。并根据土壤墒情适时浇水。

⑥ 病虫害防治　常见病虫害有斑点落叶病、轮纹病、白粉病、锈病、褐斑病、黑点病、蚜虫、红蜘蛛、金纹细蛾、桃蛀果蛾、绿盲蝽、棉蚜、康氏粉蚧等，同时注意预防苦痘病、缩果病等生理性病害。

⑦ 套袋摘袋　套袋时间为谢花后 25 ~ 40 天，摘袋时间花后 150 天左右，胶东地区一般为 10 月 1 日前后，摘袋后根据需要铺设反光膜，并及时摘去遮光叶片、转动果面位置，促进果实着色。

三、适宜种植区域及季节

适宜在山东、陕西、天津富士系苹果适栽区域春秋季种植。

四、注意事项

该品种对轮纹病抗性较差，防治方法一是休眠期刮除枝干轮纹粗皮，二是幼果期喷药保护幼果，三是果实套袋。

第三十五节

昌阳红

登记编号：GPD 苹果（2020）370033
品种来源：烟富 3 号芽变选种
登记单位：烟台青农禾农业科技有限公司

← 图 1.120　昌阳红花
↓ 图 1.121　昌阳红结果树

← 图 1.122　昌阳红结果枝
← 图 1.123　昌阳红纵切面
← 图 1.124　昌阳红横切面

一、特征特性

鲜食。树势健壮。果面鲜红色，粗条纹，条纹清晰而鲜明。果面光滑，抗果锈。通过大树高接换头嫁接在八棱海棠或 M26 中间砧或 M9T337 自根砧上，长势强壮。高接果园第二年结果，新栽果园可以做到一年栽树，二年开花，三年结果，四年丰产。摘袋后上色快，萼洼梗洼都是条纹红。与 2001 富士一样在 10 月上旬成熟，一般在 9 月中下旬摘袋。摘袋后 3 ~ 5 天就开始条纹上色，5 ~ 7 天条纹红明显清晰，10 天左右就可以采摘。高桩大型果，平均单果重 300 ~ 350g，果皮薄，果肉乳黄色，脆而多汁，爽口有香味。皮薄但蜡质层厚实，具有天然抗病、抗果锈、抗日灼的生物学特性。可溶性固形物含量 14.1%，可滴定酸含量 0.16%，果形长圆形。对轮纹病抗性较差。倒春寒、霜冻易导致坐果率低、果锈重。第 1 生长周期亩产 1337kg，比对照 2001 增产 4.6%；第 2 生长周期亩产 3706kg，比对照 2001 增产 3.3%。

二、栽培技术要点

① 选址　选择土壤肥沃、有浇水条件、不易遭受霜冻的非重茬地栽培，园区环境符合 NY/T 5010—2016《无公害农产品　种植业产地环境条件》要求。

② 栽植　栽植时间建议为 3 月中旬左右。乔化砧木栽植推荐株行距为（3 ~ 4）m×5m，矮化砧木株行距为（1.5 ~ 2）m×4m，授粉树可选用嘎拉。

③ 树形管理　根据各地及种植者习惯可采用三大主枝、自由纺锤形等多种树形。

④ 合理负载　为了保持连续丰产能力，一定要做好疏花疏果工作，合理控制产量，留果间距大约 20cm，留果量根据树势不同而不同，一般挂果初期建议每株 100 个左右，产量控制在 1500kg 左右，丰产期每株留果量为 500 个左右，亩产量控制在 4000kg 左右。

⑤ 肥水管理　根据留果量合理施肥，一般可按每生产 1000kg 苹果施用纯氮 1kg、纯磷 0.6kg、纯钾 1kg，外加 300 ~ 500kg 优质商品有机肥或菌肥，可分时期施用，一般施肥时期为果实采收后、花前、7 月份及 9 月份。此外全年可喷施 5 ~ 6 次叶面营养，补充所需中微量元素。并根据土壤墒情适时浇水。

⑥ 病虫害防治　常见病虫害有斑点落叶病、轮纹病、白粉病、锈病、褐斑病、黑点病、蚜虫、红蜘蛛、金纹细蛾、桃蛀果蛾、绿盲蝽、棉蚜、康氏粉蚧等，同时注意预防苦痘病、缩果病等生理性病害。

⑦ 套袋摘袋　套袋时间为谢花后 25 ~ 40 天，摘袋时间花后 150 天左右，胶东地区一般为 9 月底 10 月初，摘袋后根据需要铺设反光膜，并及时摘去遮光叶片、转动果面位置，促进果实着色。

三、适宜种植区域及季节

适宜在山东、陕西苹果适栽区春秋季种植。

四、注意事项

该品种对轮纹病抗性较差。

第三十六节

众成一号

← 图 1.125　众成一号纵切面
← 图 1.126　众成一号横切面
← 图 1.127　众成一号单果
↓ 图 1.128　众成一号花

登记编号： GPD 苹果（2018）370009
品种来源： 烟富 3 号芽变选育
登记单位： 烟台大为农业科技有限公司

↑ 图1.129　众成一号结果树

一、特征特性

鲜食。该品种树冠中大，干性较强，枝条粗壮。多年生枝红褐色，皮孔小、较密，圆形，凸起，白色。叶片大，多为椭圆形，叶面平展，平均叶宽 5.0cm，长 8.0cm，叶片色泽浓绿，茸毛较少，叶缘锯齿较钝，叶柄长 2.5cm。花蕾粉红色，盛开后花瓣白色，花冠直径 3.4cm，花粉多。该品种果实发育期为 170 天左右，10 月中下旬成熟。果实长圆形，果色红色，高桩端正，果形指数平均 0.9，平均单果重 307g；果实着色全面、片红、艳丽，果面光滑，果粉厚，越擦越亮，果点小，梗锈轻，果肉淡黄色，肉质紧密，平均硬度 8.9kg/cm^2，可溶性固形物含量 14.7%，可滴定酸含量 0.18%，口味香甜。该品种易成花，坐果率高，丰产性好。乔化树 3 年挂果，一般 5 年进入丰产期，矮化树 2 年挂果，一般 4 年进入丰产期，对授粉品种无特殊要求，异花授粉易坐果，亩留果量建议为 2 万个左右，在保证肥水供应情况下不易形成大小年。高抗斑点落叶病，轮纹病抗性较差，中抗炭疽病。抗冻能力较强，不易产生冻锈，对土壤酸碱度适应性强，但 pH 低于 4 以下易导致根系生长不良。第 1 生长周期亩产 1628kg，比对照烟富 3 号增产 7.3%；第 2 生长周期亩产 4253kg，比对照烟富 3 号增产 4.4%。

二、栽培技术要点

① 选址　选择土壤肥沃、有浇水条件、不易遭受霜冻的非重茬地栽培，园区环境要符合 NY/T 5010—2016《无公害农产品　种植业产地环境条件》要求。

②栽植　栽植时间建议为3月中旬左右。乔化砧木栽植推荐株行距为（3～4）m×5m，矮化砧木株行距为（1.5～2）m×4m，授粉树可选用嘎拉。

③树形管理　根据各地及种植者习惯可采用三大主枝、自由纺锤形等多种树形。

④合理负载　由于众成一号易成花，为了保持连续丰产能力，一定要做好疏花疏果工作，合理控制产量，留果间距大约20cm，留果量根据树势不同而不同，一般挂果初期建议每株100个左右，产量控制在1500kg左右，丰产期每株留果量为500个左右，亩产量控制在4000kg左右。

⑤肥水管理　应根据留果量合理施肥，一般可按每生产1000kg苹果施用纯氮1kg、纯磷0.6kg、纯钾1.2kg，外加300～500kg优质商品有机肥或菌肥，可分时期施用，一般施肥时期为果实采收后、花前、7月份及9月份。此外全年可喷施5～6次叶面营养，补充所需中微量元素。并根据土壤墒情适时浇水。

⑥病虫害防治　常见病虫害有斑点落叶病、轮纹病、白粉病、锈病、褐斑病、黑点病、蚜虫、红蜘蛛、金纹细蛾、桃蛀果蛾、绿盲蝽、棉蚜、康氏粉蚧等，同时注意预防苦痘病、缩果病等生理性病害。

⑦套袋摘袋　套袋时间为谢花后25～40天，摘袋时间花后150天左右，胶东地区一般为10月1日前后，摘袋后根据需要铺设反光膜，并及时摘去遮光叶片、转动果面位置，促进果实着色。

三、适宜种植区域及季节

适宜在山东、陕西、山西、甘肃、河北、新疆、云南等适合富士苹果种植区域，春季栽植。

四、注意事项

该品种对轮纹病抗性较差，防治方法一是休眠期刮除枝干轮纹粗皮，二是幼果期喷药保护幼果，三是果实套袋。品种在土壤酸化、有机质含量低的土壤中易发生苦痘病，必须注意科学施肥，不能偏施氮磷钾肥料，要注意增加有机肥和中微量元素肥的用量。

第三十七节

众成三号

← 图 1.130　众成三号花

← 图 1.131　众成三号果实

↓ 图 1.132　众成三号纵切面

↓ 图 1.133　众成三号横切面

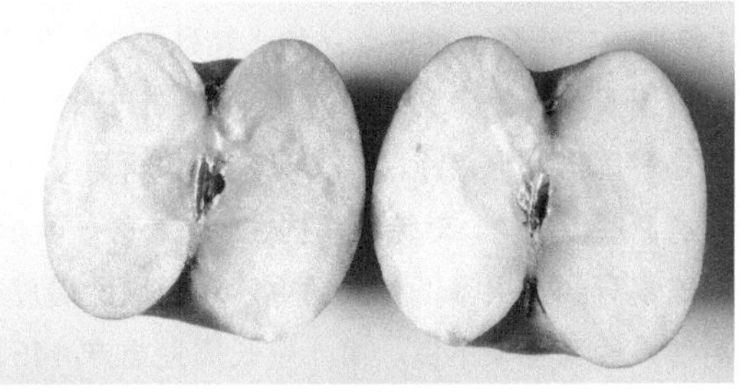

登记编号： GPD 苹果（2018）370008

品种来源： 长富 2 号芽变

登记单位： 烟台大为农业科技有限公司

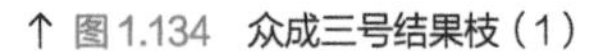
↑ 图 1.134　众成三号结果枝（1）

↑ 图 1.135　众成三号结果枝（2）

一、特征特性

鲜食。该品种树冠中大，干性较强，枝条粗壮。多年生枝红褐色，皮孔小、较密，圆形，凸起，白色。叶片大，平均叶宽 4.8cm，长 7.2cm，多为椭圆形，色泽浓绿，叶面平展，茸毛较少，叶缘锯齿较钝，叶柄长 2.5cm。花蕾粉红色，盛开后花瓣白色，花冠直径 3.1cm，花粉多。该品种果实发育期为 170 天左右，10 月下旬成熟。果实长圆形，高桩端正，果形指数平均 0.89，单果重大多为 230 ~ 360g，平均单果重 287g；果实着色全面、呈条纹红、艳丽，果面光洁，果皮薄，果肉淡黄色，肉质细脆，平均硬度 8.4kg/cm^2。该品种以中短枝结果为主，易成花，坐果率高，丰产性好。乔化树 3 年挂果，一般 5 年进入丰产期，矮化树 2 年挂果，一般 4 年进入丰产期，对授粉品种无特殊要求，异花授粉易坐果，盛果期每亩果树留果量建议为 2 万个左右，在保证肥水供应情况下不易形成大小年。可溶性固形物含量 14.3%，可滴定酸含量 0.17%，口味香甜。条纹清晰，较宽，底色白色。对轮纹病抗性较差，较抗炭疽病、早期落叶病。倒春寒、霜冻易导致坐果率低、果锈重，对土壤酸碱度适应性强，pH 小于 4 以下易导致根系生长不良。第 1 生长周期亩产 1457kg，比对照长富 2 号增产 15.4%；第 2 生长周期亩产 3726kg，比对照长富 2 号增产 7.4%。

二、栽培技术要点

① 选址　选择土壤肥沃、有浇水条件、不易遭受霜冻的非重茬地栽培，园区环境符合 NY/T 5010—2016《无公害农产品　种植业产地环境条件》要求。

②栽植　栽植时间建议为3月中旬左右。乔化砧木栽植推荐株行距为（3～4）m×5m，矮化砧木株行距为（1.5～2）m×4m，授粉树可选用嘎拉。

③树形管理　根据各地及种植者习惯可采用三大主枝、自由纺锤形等多种树形。

④合理负载　为了保持连续丰产能力，一定要做好疏花疏果工作，合理控制产量，留果间距大约20cm，留果量根据树势不同而不同，一般挂果初期建议每株100个左右，产量控制在1500kg左右，丰产期每株留果量为500个左右，亩产量控制在4000kg左右。

⑤肥水管理　根据留果量合理施肥，一般可按每生产1000kg苹果施用纯氮1kg、纯磷0.6kg、纯钾1kg，外加300～500kg优质商品有机肥或菌肥，可分时期施用，一般施肥时期为果实采收后、花前、7月份及9月份。此外全年可喷施5～6次叶面营养，补充所需中微量元素。并根据土壤墒情适时浇水。

⑥病虫害防治　常见病虫害有斑点落叶病、轮纹病、白粉病、锈病、褐斑病、黑点病、蚜虫、红蜘蛛、金纹细蛾、桃蛀果蛾、绿盲蝽、棉蚜、康氏粉蚧等，同时注意预防苦痘病、缩果病等生理性病害。

⑦套袋摘袋　套袋时间为谢花后25～40天，摘袋时间花后150天左右，胶东地区一般为9月底10月初，摘袋后根据需要铺设反光膜，并及时摘去遮光叶片、转动果面位置，促进果实着色。

三、适宜种植区域及季节

适宜在山东、陕西、山西、甘肃、河北、新疆、云南等适合富士苹果种植区域，春季栽植。

四、注意事项

该品种对轮纹病抗性较差，防治方法一是休眠期刮除枝干轮纹粗皮，二是幼果期喷药保护幼果，三是果实套袋。遭遇霜冻情况下易降低坐果率及产生果锈，必须注意预防霜冻。该品种在土壤酸化、有机质含量低的土壤中易发生苦痘病，必须注意科学施肥，不能偏施氮磷钾肥料，要注意增加有机肥和中微量元素肥的用量。

第三十八节

响富

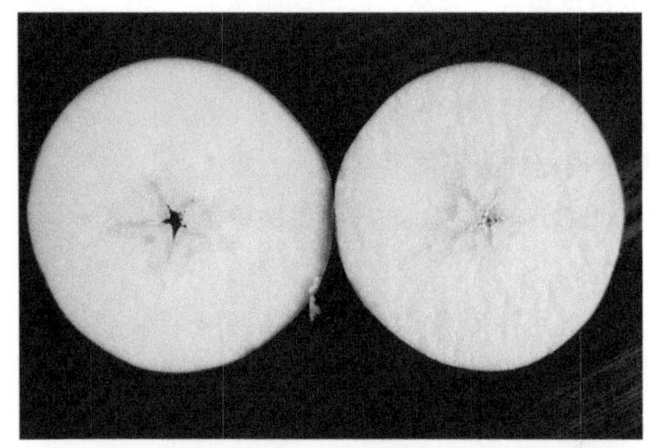

← 图 1.136　响富横切面
← 图 1.137　响富单果照
↓ 图 1.138　响富结果树

登记编号：GPD 苹果（2017）370001
品种来源：长富 2 号富士苹果芽变
登记单位：烟台大山果业开发有限公司

一、特征特性

鲜食。树势健壮，树姿开张，易成花，易丰产，以中短枝结果为主。多年生枝灰褐色，皮孔细小，较稀，圆形，白色，微凹。叶片大，平均叶宽5.3cm，叶长8.4cm，与烟富3号相当，厚0.41mm，为阔椭圆形，色泽浓绿，叶面平展微曲，叶背绒毛稀少，叶缘有钝锯齿，托叶较小，叶柄平均长2.46cm。平均节间长2.01cm，秋生新梢平均长度为31.7cm，萌芽率高，萌芽率91.3%，成枝力中等偏强，不易早衰，一年生枝甩放，容易形成叶丛枝、短果枝、中果枝，长果枝、腋花芽。顶花芽圆钝饱满，鳞片褐红色，每花序5～7朵，花蕾粉红色，盛开后花瓣白色，花径3.2cm，花粉中多，盛花后期萼片雄蕊基部呈褐红色。果实长圆形，果型指数0.92，果实大小均匀，整齐度高，萼洼较浅，梗洼深，果个大，平均单果重260g，最大单果重520g，着色速度快，脱袋当天即着色，3～4天全面着色，6～7天即可采收，散射光着色能力强，无需重度摘叶转果，不套袋、不铺反光膜均全红，果柄全红，着色类型为满红型着色，没有条纹着色特征。色泽水红、艳丽，色泽稳定，经久不变，低温阴雨对着色基本无影响，早脱袋晚脱袋都全红，霜降脱袋6～7天采收，可采收期长，脱袋20天色泽不老。果粉厚、蜡质层厚，特别抗日灼、水侵纹，全红果率可达95%（不论大小都全红），优质果率90%以上，果肉乳黄色，肉质细脆，多汁香甜，口感极佳，平均果肉硬度为8.9kg/cm^2，平均可溶性固形物含量15.6%，成熟期10月中下旬，可采收期为10月上旬到11月上旬，果实发育期160～180天，以短果枝结果为主，有腋花芽结果习性，易丰产高产。该品种对气候土壤有较强的抗逆性和适应性，丰产性好，果实耐储运性强，久储不褪色，果实着色好，果面洁净细腻，色泽鲜艳，全红果率高，优质果率高，商品效益高，无生理落果和采前落果现象，倍受高端消费者、果农青睐，代表未来苹果发展方向，具有巨大市场前景。对炭疽病、炭疽叶枯病有较强抗性，霉心病、轮纹病抗性同烟富3号和长富2号。

二、栽培技术要点

选择有灌溉条件的肥沃土壤栽培，在山区丘陵地区，宜选择乔化砧，以主干形或纺锤形栽培，按2m×4m或2.5m×4m株行距建园。平原地区可选择苹果矮化砧M9T337或矮化中间砧，按（1～1.5）m×4m株行距建园。授粉树按5% ~ 10%配置，授粉品种可选嘎拉、王林、龙红蜜、大红荣、蜜脆、红露、千秋、粉丽佳人。全年施肥量按每100kg鲜果施入纯氮1kg、磷0.8kg、钾1kg，腐熟有机肥250 ~ 300kg，追肥在花前、花后、幼果膨大期、采果前一个月施入，叶面喷肥全年4 ~ 6次，补充生长发育所必需的硼、锌、钙、铁等中微量元素。视土壤墒情、天气降水情况，适时浇水排水。响富苹果成花容易，坐果率高，应及时疏花疏果，每隔25 ~ 28cm留一果，一台一果，留大型果、健全果。在谢花后15 ~ 20天内全面完成疏果定果，在5月下旬到6月上旬花芽分化临界期施足高钾肥复合肥的基础上及早完成苹果套袋工作，套袋要注意在喷药2天后进行，5天内完成，审慎选择药剂，避免果锈产生。脱袋前全园喷好杀菌剂，同时配合浇水。脱袋时间根据市场需要和商品果要求及当地气候条件在9月20日到10月30日脱袋，脱袋后只摘去贴在果实上的叶片，加果垫，着色3 ~ 4天后将两个果接触的地方轻微转果，在树冠下行间铺设反光膜。生长季注意防治苹果蚜虫，红、白蜘蛛，金纹细蛾，卷叶蛾，介壳虫，康氏粉蚧等害虫，注意预防苹果褐斑病、白粉病、炭疽病、轮纹病等侵染危害。

三、适宜种植区域及季节

适宜在山东、新疆、河北、安徽北部等富士适生区春季或土壤封冻前种植。

四、注意事项

注意科学施肥，维持健壮树势，确保产量质量稳定。加强树体保护，防止树势染病早衰，合理平衡负载。花期多雨地区和年份注意预防苹果霉心病、白粉病，防治管理同其他富士品种。建议在自然授粉的基础上配合人工授粉和辅助授粉措施，确保年度坐果稳定。寒冷地区注意花期防寒、防冻。

第三十九节

响红

↑ 图 1.139　响红结果树

← 图 1.140　响红横切面

← 图 1.141　响红单果

登记编号： GPD 苹果（2019）370003

品种来源： 芽变

登记单位： 烟台大山果业开发有限公司

← 图 1.142　响红枝条

一、特征特性

鲜食。树势健壮，树姿开张，易成花，易丰产，以中短枝结果为主。多年生枝灰褐色，皮孔细小，较稀，圆形白色，微凹。叶片中大，平均叶宽 5.4cm，叶长 8.7cm，与长富 2 号相当，厚 0.42mm，为阔椭圆形，色泽浓绿，叶面平展微曲，叶背绒毛较少，叶缘钝锯齿，托叶较小，叶柄平均长度为 2.5cm。节间平均长 2.45cm，秋梢平均长度为 33.7cm，萌芽率高，为 89.5%。成枝力中等偏强，一年生枝缓放，容易形成叶丛枝、短果枝、中短枝、长果枝、腋花芽。顶花芽圆钝饱满，邻片褐红色，每花序 5 朵，花苞粉红色，盛开后花瓣白色，花径 3.1cm，花粉中多，盛花后期，雌、雄蕊基部深红色。果实长圆锥形，果型指数 0.97，果实大小均匀，整齐度高，萼洼、梗洼中深，大型果，平均单果重 250g，最大单果重 510g。着色速度快，脱袋 2 ~ 3 天后全面着色，6 ~ 7 天即可采收。散射光着色能力极强，只需轻度摘叶转果，不套袋、不铺反光膜均全红，果柄全红。着色类型为满红型着色，没有条纹着色特征，色泽油红艳丽，固色稳定，经久不变，低温阴雨基本不影响着色，早晚脱袋均能全红，霜降后脱袋 6 ~ 8 天即可采收。可采收期长，脱袋 20 天色泽不老，果粉中等，蜡质层厚。特别抗日灼、果锈、水侵纹，全红果率达 99% 以上，优质果率 95% 以上。果肉乳黄色，肉质细脆，多汁香甜，成熟期 10 月中下旬，可采收期为 10 月上旬至 11 月上旬，果实发育期 160 ~ 180 天，以中短枝结果为主，有腋花芽结果习性，坐果率高，易丰产高产。果肉硬度 8.8kg/cm^2，平均可溶性固形物含量 15.4%，可滴定酸含量 0.15%。对炭疽叶枯病、红点病、褐点病有较强抗性，对霉心病抗性同烟富 3 号、长富 2 号。抗日灼、果锈、裂口、水侵纹能力强，对土壤、气候适宜性强，无采前落果和生理落果现象。第 1 生长周期亩产 1457kg，比对照烟富 3 号增产 10.4%；第 2 生长周期亩产 2540kg，比对照烟富 3 号增产 9.9%。

二、栽培技术要点

选择有灌溉条件的肥沃土壤栽培，在山区丘陵地区，宜选择乔化砧，以主干形或纺锤形栽培，按 2m×4m 或 2.5m×4m 株行距建园。平原地区可选择苹果矮化砧 M9T337 或矮化中间砧，按（1 ~ 1.5）m×4m 株行距建园。授粉树按 5% ~ 10% 配置，授粉品种可选嘎拉、王林、龙红蜜、大红荣、蜜脆、红露、千秋、粉丽佳人。全年施肥量按每 100kg 鲜果施入纯氮 1kg、磷 0.8kg、钾 1kg，腐熟有机肥 250 ~ 300kg，追肥在花前、花后、幼果膨大期、采果前一个月施入，叶面喷肥全年 4 ~ 6 次，补充生长发育所必需的硼、锌、钙、铁等中微量元素。视土壤墒情、天气降水情况，适时浇水排水。响富苹果成花容易，坐果率高，应及时疏花疏果，每隔 25 ~ 28cm 留一果，一台一果，留大型果、健全果。在谢花后 15 ~ 20 天内全面完成疏果定果，在 5 月下旬到 6 月上旬花芽分化临界期施足高钾肥复合肥的基础上及早完成苹果套袋工作，套袋要注意在喷药 2 天后进行，5 天内完成，审慎选择药剂，避免果锈产生。脱袋前全园喷好杀菌剂，同时配合浇水。脱袋时间根据市场需要和商品果要求及当地气候条件在 9 月 20 日到 10 月 30 日脱袋，脱袋后只摘去贴在果实上的叶片，加果垫，着色 3 ~ 4 天将两个果接触的地方轻微转果，在树冠下行间铺设反光膜。生长季注意防治苹果蚜虫，红、白蜘蛛，金纹细蛾，卷叶蛾，介壳虫，康氏粉蚧等害虫，注意预防苹果褐斑病、白粉病、炭疽病、轮纹病等侵染危害。

三、适宜种植区域及季节

适宜在新疆、甘肃、陕西、山西、河南、河北、山东等富士苹果适生区春季或者土壤封冻前栽植。

四、注意事项

注意平衡科学施肥，维持健壮树势，确保产量质量稳定。加强树体保护，防止树势染病早衰，合理平衡负载。花期多雨地区和年份注意预防苹果霉心病、白粉病，防治管理同其他富士品种。建议在自然授粉的基础上配合人工授粉和辅助授粉措施，确保年度坐果稳定。寒冷地区注意花期防寒、防冻。

第四十节

鑫蓬仙红

← 图 1.143　鑫蓬仙红结果枝
↓ 图 1.144　鑫蓬仙红单果

登记编号： GPD 苹果（2018）370042
品种来源： 芽变选种，从烟富 3 号中选出
登记单位： 蓬莱市农益苗木专业合作社

↑ 图 1.145　鑫蓬仙红结果树

一、特征特性

鲜食。树势中庸，树冠中大，较强干性，中长枝，半开张树势，枝赤褐色，皮孔中小、较密、圆形、凸起、白色。叶片中大，平均宽 5.4cm，长 7.9cm，多为椭圆形，叶片色泽浓绿，叶面平展，叶披茸毛较少，叶缘锯齿较钝，托叶小，叶柄长 2.3cm。当年生枝，节间长度为 2.7cm。花蕾粉红色、盛开后花为白色，花冠直径 3.1cm，花粉中多。一般在蓬莱 3 月底至 4 月初萌芽，初花期在 4 月 20 日至 4 月 22 日，盛花期在 4 月 23 日至 5 月 3 日，花期 10 天左右，4 月下旬至 6 月上旬梢快速生长，7 月中旬至 8 月下旬为秋梢生长高峰期，10 月下旬为果实成熟期，果实发育期为 170 天左右，11 月底落叶。大型果，平均单果重 290g，高桩、长圆形、果形端正，果形指数为 0.90 ~ 0.92，色泽鲜艳、粉红色，蜡质层较厚；

全红果率达 100%，套袋摘袋后 4 ~ 6 天可上足色。果肉淡黄色，品质好、味甜、微酸、脆爽多汁，硬度 8.2kg/cm^2，可溶性固形物含量 15.6%，可滴定酸含量 0.15%。较抗果锈、斑点落叶病、炭疽病，抗早期落叶病，不抗轮纹病。对气候、土壤适应性强，很少有生理落果和采前落果现象。第 1 生长周期亩产 1578kg，比对照烟富 3 号增产 3.06%；第 2 生长周期亩产 3805kg，比对照烟富 3 号增产 8.06%。

二、栽培技术要点

① 建园　可采用 5m×6m 的株行距，或为了前期效益和早期丰产建设，采用 2.5m×3m 株行距进行行间假植，增加密度，保证前期产量，后期可根据树体生长状况去掉影响永久株的枝，当整体影响永久株生长时则全部砍伐，最后形成 5m×6m 的理想株行距。

② 整形修剪　树形采用改良纺锤形，幼树定植当年于 90 ~ 100cm 处定干。第二年春天把萌发出的侧枝全部去掉，重新发枝，为了增加粗壮干，7 ~ 8 月份把枝拉平或拉微下垂。第三年 7 ~ 8 月份把侧生枝适当拉枝下垂，控制粗度，增加枝量，达到四年结果、五年丰产。

③ 肥水管理　幼树期以氮肥和磷肥为主，每棵 0.5 ~ 1kg。全年施肥量按每产 100kg 果施氮肥 1kg，磷肥 0.8kg，钾肥 1kg，基肥 280 ~ 300kg。追肥在花前、花后、幼果膨大期、采果前一个月施入，基肥在秋天采果后一次性施足，叶面喷施肥 4 ~ 5 次，可结合果园喷药时进行。根据土壤墒情适时浇水，5 月底至 6 月初适当控水，入冬前浇足越冬水。

④ 病虫害防治　注意防治红、白蜘蛛，金纹细蛾，白粉病，斑点落叶病，轮纹病，褐斑病。

三、适宜种植区域及季节

适宜在山东、山西、河南、河北、陕西、甘肃、四川、安徽、新疆地区春季栽植。

四、注意事项

注意防治枝干轮纹病。

第四十一节

霞光1号

← 图1.146 霞光1号单果

← 图1.147 霞光1号结果枝

登记编号： GPD 苹果（2018）370043

品种来源： 芽变选种，从2001中选出

登记单位： 蓬莱市农益苗木专业合作社

← 图 1.148　霞光 1 号结果树

一、特征特性

鲜食。该品种树冠中大，树势中庸偏旺，树姿开张；枝条粗壮，多年生枝赤褐色，皮孔中小、较密、圆形、凸起、白色。叶片中大，平均叶宽 5.4cm，长 7.9cm，多为椭圆形，叶片色泽浓绿，叶面平展，叶背茸毛较少，叶缘锯齿较钝，托叶小，叶柄长 2.3cm。当年生枝，节间长度为 2.9cm。花蕾粉红色，盛开后花瓣为白色，花冠直径 3cm，花粉中多。在蓬莱地区一般 3 月底至 4 月初萌芽，初花期在 4 月 20 日至 4 月 22 日，盛花期在 4 月 23 日至 5 月 3 日，花期 10 天左右，4 月下旬至 6 月上旬梢快速生长，7 月中旬至 8 月下旬为秋梢生长高峰期，10 月下旬为果实成熟期，果实发育期为 170 天左右，11 月底开始落叶。大型果，平均单果重 292g。果形长圆形，高桩，果形端正，果形指数为 0.91 ~ 0.93，色泽鲜艳，蜡质层厚，条红，条纹清晰，条红果比例达 98% 以上。套袋摘袋后 5 ~ 7 天可采摘，果肉淡黄色，爽脆多汁，硬度 8.2kg/cm^2，可溶性固形物含量 15.4%，可滴定酸含量 0.15%，果味微酸，风味佳。比较抗果锈、褐斑病、炭疽病，抗早期落叶病，对轮纹病抗性差。对气候、土壤适应性强，很少有生理落果和采前落果现象。第 1 生长周期亩产 1542kg，比对照 2001 增产 5.47%；第 2 生长周期亩产 3942kg，比对照 2001 增产 7.06%。

二、栽培技术要点

① 建园　可采用 5m×6m 的株行距，也可在株行间假植，采用 2.5m×3m 株行距栽植，增加密度，提高前期产量增加收益，后期可根据树生长情况逐步去枝，保证永久株的正常生长，到整体影响永久树生长时隔行去行，隔株去株，达到原规划的 5m×6m 正常合理株行距，如采用改良纺锤形可适当密植。

② 整形修剪　树形采用改良纺锤形，幼树定植当年在 0.9 ~ 1.0m 处定干，第二年春天把萌生的侧枝全部去掉，重新发枝主要是为了加大枝轴比。7 ~ 8 月份对侧生枝拉平或微下垂；第三年 7 ~ 8 月份把侧生枝适当拉枝下垂，控制粗度，促使形成花芽，早结果，幼树期尽量轻剪，增加枝量，达到四年结果、五年丰产。

③ 肥水管理　幼树期以氮肥和磷肥为主，每棵 0.5 ~ 1kg。进入结果期，全年施肥量按每产 100kg 果施氮肥 1kg，磷肥 0.8kg，钾肥 1kg，基肥 280 ~ 300kg。追肥在花前、花后、幼果膨大期、采果前一个月施入，基肥在秋天采果后一次性施足，根据土壤墒情适时浇水，5 月底至 6 月初适当控水，入冬前浇足越冬水。

④ 病虫害防治　注意防治红、白蜘蛛，金纹细蛾，白粉病，斑点落叶病，轮纹病等。

三、适宜种植区域及季节

适宜在山东、山西、河南、河北、陕西、甘肃、四川、辽宁、安徽、新疆地区春季栽植。

四、注意事项

上色速度快，可适当减少采前摘叶量，可不铺反光膜或减少反光膜用量，注意防治枝干轮纹病。

第四十二节

鑫园红

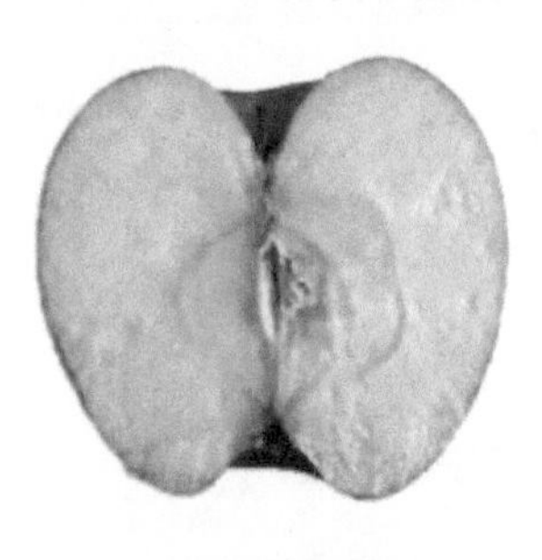

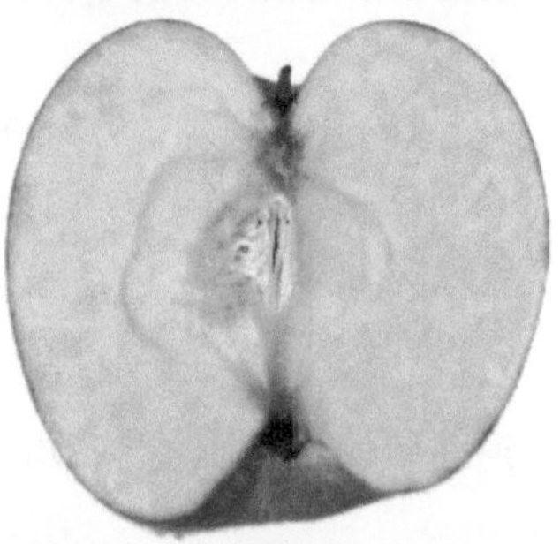

← 图 1.149　鑫园红单果

← 图 1.150　鑫园红纵切面

← 图 1.151　鑫园红结果枝

↑ 图 1.152 鑫园红结果树

登记编号：GPD 苹果（2018）370045
品种来源：芽变选种，从长富 2 号中选出
登记单位：蓬莱鑫源工贸有限公司

一、特征特性

鲜食。大型果，平均单株重 295g，最大果重为 700g，果实长圆形，高桩，果形指数 0.90，色泽艳丽，富有光泽，片红。着色均匀，树冠上下、里外全红果比例达到 95% 以上，套袋果脱完袋后 3 天着色面积达 80% 以上。在树上挂果时间长，色泽不退、不老。果面光滑洁净，果星稀小，果肉浅黄色，肉质细脆、汁多，硬度 $9.1kg/cm^2$，可溶性固形物含量 15.7%，可滴定酸含量 0.17%，味甜微酸，风味佳。果实发育期为 180 天左右，果粉多。较抗白粉病和早期落叶病，枝干轮纹病、腐烂病发病较轻。未发现叶片黄化、花叶、小叶病等病害。没有出现生理落果和采前落果的现象，早期易形成花芽。第 1 生长周期亩产 1200kg，比对照长富 2 号增产 43%；第 2 生长周期亩产 2300kg，比对照长富 2 号增产 68%。

二、栽培技术要点

① 科学规划园区　确定合理的株行距和定植走向，采用宽行密植模式，M9T337 矮化自根砧株行距为（1.2 ~ 1.5）m×（3.5 ~ 4）m。M26 中间砧株行距为（2.5 ~ 3）m×5m；乔化砧株行距为（3 ~ 4）m×（6 ~ 7）m，建设配置 5% ~ 10% 的忍冬或红玛瑙作为授粉树。

② 整形修剪　对乔化砧、中间砧果园要求选用自由纺锤树形，定干高度为 1.5m 左右。矮化自根砧选用高干纺锤形，苗木在栽植当年的 3 月下旬刻芽，或者喷施发枝素。秋梢发生期，对竞争枝采取极重短截的办法，促其重发枝。翌年 3 月上旬修剪，按标准选留好枝条的方向位置，对中央领导干及各种骨干枝采取轻剪。新植乔化园一律实行高定干，四年生以内树在保证整形效果的基础上实行轻剪、多留枝，以利于早期丰产。严禁在严寒的冬季修剪，最好在春天萌芽前一个月开始（即 2 月中下旬开始），半个月以内完成（3 月 10 日前完成），3 月 10 至 15 日计划防治小叶病。

③ 肥水管理　全年施肥量为每生产 100kg 苹果施用纯氮 1kg、磷 0.5kg、钾 0.8kg、有机肥 300kg。追肥时间为花前、花后、幼果膨大期、采果前一个月。基肥是 80% 有机肥加入 20% 氮、磷、钾复合肥，在采果后至落叶前施入。叶面肥全年喷洒 4 ~ 6 次，一般是结合果园喷药进行。

④ 病虫害的防治　以农业防治为基础，抓好红、白蜘蛛，潜叶蛾，苹果小卷蛾，棉蚜，白粉病，斑点落叶病的防治，重视枝干轮纹病、腐烂病的防治。

三、适宜种植区域及季节

适宜在山东、山西、河南、河北、陕西、辽宁苹果产区春季栽植。

第四十三节

蓬园红

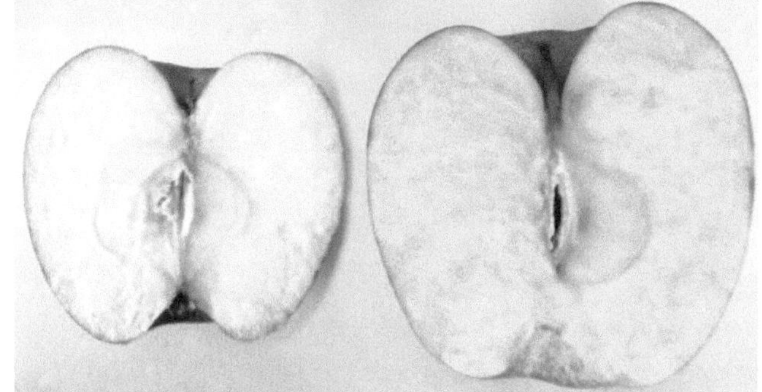

↑ 图 1.153　蓬园红单果照
→ 图 1.154　蓬园红纵切面照
→ 图 1.155　蓬园红结果状

↑ 图 1.156　蓬园红结果枝

登记编号：GPD 苹果（2018）370046
品种来源：芽变选育，从长富 2 号中选出
登记单位：蓬莱鑫源工贸有限公司

一、特征特性

鲜食。果实近长圆形，高桩，条纹鲜艳、清晰，果面光滑，比 2001 品种星点稀小，颜色不老，不发黄。属于大型果，果肉浅黄色，皮薄但蜡质层厚，密被果粉。抗日灼，适合免套袋苹果栽培，不铺反光膜，摘袋后 3 天上色，着色快，萼洼、梗洼都是条纹全红。平均单果重 280g，果实平均硬度为 9.0kg/cm^2，可溶性固形物含量 15.6%，可滴定酸含量 0.16%，味甜微酸，风味极佳，果实发育期为 180 天左右。抗病性较强。经长期观察，没有出现落果和采前落果。未发现黄叶病、花叶病等，枝干轮纹病较轻。对气候、土壤的适应性一般，产量稳定。第 1 生长周期亩产 1155kg，比对照长富 2 号增产 40%；第 2 生长周期亩产 2350kg，比对照长富 2 号增产 76%。

二、栽培技术要点

① 科学规划园区　新建果园应选择生态条件良好、土壤 pH 为 5.5 ~ 7 的地区。确定合理的株行距，采用宽行密植的方式栽培，M9T337 矮化自根砧株行距为（1.2 ~ 1.5）m×（3.5 ~ 4）m。M26 中间砧株行距为（2.5 ~ 3）m×5m；乔化砧株行距为（3 ~ 4）m×（6 ~ 7）m，建设配置 5% ~ 10% 的授粉树，如忍冬或红玛瑙。

② 整形修剪　对乔化砧、中间砧果园要求选用自由纺锤树形，定干高度为 1.5m 左右，矮化自根砧选用高干纺锤形树形。苗木在栽植当年 3 月下旬刻芽，或喷施发枝素。秋梢发生期，对竞争枝采取极重短截的方法，翌年 3 月上旬修剪，按标准选留好枝条的方向位置，对中央领导干及各种骨干枝采取轻剪。新植乔化园实行高定干，四年生以内树在保证整形效果的基础上实行轻剪、多留枝。最好的修剪时间是春天萌芽前一个月开始（2 月中下旬开始），半个月以内完成（3 月 10 日前完成），3 月 10 至 15 日计划防治小叶病。

③ 肥水管理　全年施肥量为每生产 100kg 苹果施用纯氮 1kg、磷 0.5kg、钾 0.8kg、有机肥 300kg。追肥时间为花前、花后、幼果膨大期、采果前一个月。基肥是 80% 有机肥加入 20% 氮、磷、钾复合肥，在采果前至落叶后施用。叶面肥全年喷洒 4 ~ 6 次，一般是结合果园喷药进行，以补充果树生长发育所需的硼、锌、铁等微量元素。

④ 病虫害的防治　以农业防治为基础，抓好红、白蜘蛛，潜叶蛾，苹果小卷蛾、棉蚜，白粉病，斑点落叶病的防治。重视枝干轮纹病、腐烂病的防治，以生物农药为核心，结合物理防治。

三、适宜种植区域及季节

适宜在山东、辽宁、河南、河北、陕西、山西苹果产区春季栽植。

第四十四节

福田一号

← 图 1.157　福田一号花
↓ 图 1.158　福田一号果实横切面
↓ 图 1.159　福田一号结果枝

← 图 1.160　福田一号结果树

登记编号：GPD 苹果（2021）370009
品种来源：长富 2 号芽变
登记单位：烟台福田果树种植农民专业合作社，
烟台龙富果树苗木繁育有限责任公司

一、特征特性

鲜食。分枝型，树姿开张，树势强。花蕾颜色粉红，花瓣形状卵圆形，重瓣性无，成枝力强。连续结果能力强。生理落果程度轻，采前落果程度轻。果实形状长圆形，着色程度为全面着色。着色类型为片红，果实成熟时果面有蜡质和果粉，果面平滑，无棱起。果点小，密度中，果实成熟时心室占整个果实的比例小。果肉颜色淡黄，果肉质地硬脆，果肉汁液多，风味甜酸。香气浓，异味无。果实横径 8.72cm，纵径 7.69cm。果实成熟期为 10 月下旬。终花期到果实成熟期 180 天，果实可贮藏 180 天。可溶性固形物含量为 15.6%，可滴定酸含量 0.26%，平均单果重 296g，果色为全红，果肉硬度 9.1kg/cm^2。高感轮纹病，中感炭疽病、斑点落叶病。遭遇霜冻坐果率低，易产生畸形果，对土壤酸碱度适应性较强，pH 低于 4 以下易导致根系生长不良。第 1 生长周期亩产 2786kg，比对照长富 2 号增产 8.1%；第 2 生长周期亩产 3294kg，比对照长富 2 号增产 6.1%。

二、栽培技术要点

①选址　选择土壤肥沃、有浇水条件、不易遭受霜冻的非重茬地栽培，

园区环境符合 NY/T 5010—2016《无公害农产品　种植业产地环境条件》要求。

② 栽植　栽植时间建议为 3 月中旬左右。乔化砧栽植推荐株行距为（3 ~ 4）m×（4 ~ 5）m，矮化砧株行距为（1.5 ~ 2.0）m×4m，授粉树可选用嘎拉、鲁丽、维纳斯等。

③ 树形管理　根据各地及种植者习惯可采用三大主枝、自由纺锤形等多种树形。

④ 合理负载　为了保持连续丰产能力，一定要做好疏花疏果工作，合理控制产量，留果间距大约 20cm，留果量根据树势不同而不同，一般建议挂果初期建亩产量控制在 1500kg 左右，丰产期亩产量控制在 4000kg 左右。

⑤ 肥水管理　根据留果量合理施肥，一般可按每生产 1000kg 苹果施用纯氮 1kg、纯磷 0.6kg、纯钾 1kg，外加 300 ~ 500kg 优质商品有机肥或菌肥，可分时期施用，一般施肥时期为果实采收后、花前、7 月份及 9 月份。此外全年可喷施 5 ~ 6 次叶面营养，补充所需中微量元素，并根据土壤墒情适时浇水。

⑥ 病虫害防治　常见病虫害有斑点落叶病、轮纹病、白粉病、锈病、褐斑病、黑点病、蚜虫、红蜘蛛、金纹细蛾、桃蛀果蛾、绿盲蝽、棉蚜、康氏粉蚧等，同时注意预防苦痘病、缩果病等生理性病害。

⑦ 套袋　该品种套袋或不套袋都可栽植，套袋的糖度比不套袋稍低，套袋时间为谢花后 25 ~ 40 天，摘袋时间为花后 150 天左右，胶东地区一般为 9 月底 10 月初，采收期为 10 月下旬。

三、适宜种植区域及季节

适宜在山东、贵州适宜富士苹果种植区域春季栽植。

四、注意事项

该品种对轮纹病抗性一般，需做好病菌侵染前的防治工作。遭遇霜冻坐果率低，易产生畸形果，必须注意预防霜冻。注意科学施肥，不能偏施氮磷钾肥料，要注意增加有机肥和中微量元素肥的用量。

第四十五节

福田二号

← 图 1.161　福田二号花
↓ 图 1.162　福田二号果实
↓ 图 1.163　福田二号结果枝

← 图 1.164　福田二号结果树

登记编号：GPD 苹果（2021）370010
品种来源：长富 2 号芽变
登记单位：烟台福田果树种植农民专业合作社，烟台龙富果树苗木繁育有限责任公司
品种来源：长富 2 号芽变

一、特征特性

鲜食。分枝型，树姿开张，树势强。花蕾颜色粉红，花瓣形状卵圆形，重瓣性无，成枝力强。连续结果能力中。生理落果程度轻，采前落果程度轻。果实形状长圆形，着色程度为全面着色。着色类型为条红，果实成熟时果面有蜡质和果粉，果面平滑，无棱起。果点小，密度疏，果实成熟时心室占整个果实的比例小。果肉颜色淡黄，果肉质地松脆，果肉汁液多，风味甘甜。香气浓，异味无。果实横径 8.56cm，纵径 7.62cm。果实成熟期为 10 月中旬。终花期到果实成熟期为 175 天，果实可贮藏 130 天。可溶性固形物含量 15.1%，可滴定酸含量 0.22%，平均单果重 255g，果肉硬度 8.9kg/cm^2。高感轮纹病，中感炭疽病、斑点落叶病。遭遇霜冻坐果率低，易产生畸形果，对土壤酸碱度适应性较强，pH 低于 4 以下易导致根系生长不良。第 1 生长周期亩产 2711kg，比对照长富 2 号增产 7.8%；第 2 生长周期亩产 3245kg，比对照长富 2 号增产 6.8%。

二、栽培技术要点

① 选址　选择土壤肥沃、有浇水条件、不易遭受霜冻的非重茬地栽培，

园区环境符合 NY/T 5010—2016《无公害农产品　种植业产地环境条件》要求。

② 栽植　栽植时间建议为 3 月中旬左右。乔化砧栽植推荐株行距为（3 ~ 4）m×（4 ~ 5）m，矮化砧株行距为（1.5 ~ 2）m×4.0m，授粉树可选用嘎拉、鲁丽、维纳斯等。

③ 树形管理　根据各地及种植者习惯可采用三大主枝、自由纺锤形等多种树形。

④ 合理负载　为了保持连续丰产能力，一定要做好疏花疏果工作，合理控制产量，留果间距大约为 20cm，留果量根据树势不同而不同，一般建议挂果初期建亩产量控制在 1500kg 左右，丰产期亩产量控制在 4000kg 左右。

⑤ 肥水管理　根据留果量合理施肥，一般可按每生产 1000kg 苹果施用纯氮 1kg、纯磷 0.6kg、纯钾 1kg，外加 300 ~ 500kg 优质商品有机肥或菌肥，可分时期施用，一般施肥时期为果实采收后、花前、7 月份及 9 月份。此外全年可喷施 5 ~ 6 次叶面营养，补充所需中微量元素，并根据土壤墒情适时浇水。

⑥ 病虫害防治　常见病虫害有斑点落叶病、轮纹病、白粉病、锈病、褐斑病、黑点病、蚜虫、红蜘蛛、金纹细蛾、桃蛀果蛾、绿盲蝽、棉蚜、康氏粉蚧等，同时注意预防苦痘病、缩果病等生理性病害。

⑦ 套袋　该品种套袋或不套袋都可栽植，套袋的糖度比不套袋稍低，套袋时间为谢花后 25 ~ 40 天，摘袋时间花后 150 天左右，胶东地区一般为 9 月下旬，摘袋后根据需要铺设反光膜，并及时摘去遮光叶片、转动果面位置，促进果实着色，采收期为 10 月中旬。

三、适宜种植区域及季节

适宜在山东、贵州适宜富士苹果种植区域春季栽植。

四、注意事项

该品种对轮纹病抗性一般，需做好病菌侵染前的防治工作。遭遇霜冻坐果率低，易产生畸形果，必须注意预防霜冻。注意科学施肥，不能偏施氮磷钾肥料，要注意增加有机肥和中微量元素肥的用量。

第四十六节

鲁招1号

← 图1.165　鲁招1号结果枝

↓ 图1.166　鲁招1号果实

登记编号： GPD 苹果（2019）370006

品种来源： 烟富3号芽变选育

登记单位： 招远市秦富种植专业合作社

一、特征特性

鲜食。树冠中大，树势中庸偏旺，干性较强，枝条粗壮，树姿半开张。多年生枝赤褐色，皮孔中小，较密，圆形，凸起，白色。叶片中大，中厚，椭圆形，叶面不光滑，叶先端渐尖，叶基部较圆，叶缘有锯齿，叶背面茸毛较多，灰白色，叶膜凸起，叶片平均宽 5.0cm，长 7.5cm。花芽（顶花芽）圆锥形，较大，鳞片较松，茸毛少，叶芽呈三角形，较大。果实长圆形，果形指数 0.86，平均单果重 256g。果实着色全面浓红，全红果比例为 85%，着色类型为片红，色泽艳丽，特别是内膛和下裙基本全红。果面光滑，果点稀小。果肉淡黄色，肉质致密、细脆，平均硬度 8.5kg/cm^2，汁液丰富。十月下旬果实成熟，果实发育期 185 天左右。可溶性固形物含量 15.6%，可滴定酸含量 0.65%。对氮比较敏感，较抗炭疽病、早期落叶病和轮纹病。第 1 生长周期亩产 3200kg，比对照烟富 3 号增产 3%；第 2 生长周期亩产 4362kg，比对照烟富 3 号增产 6%。

二、栽培技术要点

① 建园　园地选择在远离交通要道、背风向阳、土层较深厚的区域。科学规划，区域种植，合理株行距。采用宽行密植方式，根据株行距的大小，顺行向挖宽 1m、深 80cm 的栽植渠，将熟土翻入渠底，每亩施腐熟的有机肥 1000kg 以上，回填后灌水沉实。定植前，以定植线为中心，顺行将 1m 幅内 10 ~ 15cm 厚度的土壤，集中到定植线两侧整修成畦。一般中间砧株行距为（1.5 ~ 2.0）m×4.0m，乔化砧株行距为（3 ~ 4）m×（4.5 ~ 5）m，授粉树品种以为嘎拉系苹果为宜。

选择两年生以上，苗高 1.5m 以上，苗木基部直径 1cm 以上，苗木根系齐全、无病虫、无风干的优质苗木，采取大苗建园技术。栽植前，根据建园要求，进行分级。苗木大小（高度、粗度、直立度）差异控制在 10% 之内。苗木根系大小、种类应一致。剔除不合格的苗木。

② 树体结构及修剪技术　鲁招 1 号以八棱海棠为砧木，繁育成品苗木，定植后可采用纺锤形的树体结构。树高 3.5 ~ 4m，有中干，中干上培养 20 ~ 25 个主枝或中大型结果枝组，间隔 20 ~ 30cm，呈螺旋式分布，主枝上直接着生结果枝组，结果枝组呈单轴延伸、小型纺锤形。主枝或中大型结果枝组的枝轴直径与中干的比例为（1∶2）~（1∶3）。整形修剪时，采取“一年二年重剪扶干，三年拉枝促成花芽”的措施。建园当年，

长势旺的园区，于夏季修剪时，对生长势强的枝，留 1 ~ 2 个芽进行极重短截；生长势一般的园区，于冬季修剪时，采取极重短截或疏除，对中干延长枝进行轻短截或甩放。

第二年，对侧生枝在 5 个以下，或长势弱的植株，连续进行扶干修剪；第二或第三年，按照 90° ~ 110° 进行拉枝或角度开张处理，采取“能留则留疏去竞争，拉枝刻芽同步进行”的措施，科学地采用肥水调控等方法，促成花芽；第四年，坚持“先果后形，逐步调整”的原则，去大留小，一般疏除 1 ~ 2 个生长旺盛的竞争枝或重叠枝，以稳定树势。

鲁招 1 号苹果树的修剪，提倡常年修剪。休眠期的修剪应避开“三九”寒天，以防剪口冻害，引发腐烂病、干腐病。所以从萌芽前 1 个月开始，以半个月内完成为宜。

③ 肥水管理　幼树期以有机肥为主，每亩施 200 ~ 300kg，氮、磷、钾肥每亩施 20 ~ 30kg。结果树按照斤果斤肥的标准，施用腐熟的有机肥。追肥以果树专用复合肥为主。一般每生产 100kg 苹果需施入纯氮 1kg、纯磷 1kg、纯钾 0.8kg。注意及时补充微量元素。每年确保苹果生长结果的水分供应，并确保排水良好。根据“萌芽、封冻水要足，生长季节要巧”的原则，做到细水长流防霜冻，防高温，防裂纹；大水防严寒。把握好土壤灌水深度，萌芽水、封冻水的土壤灌水深度控制在 40 ~ 50cm，生长季节以 20 ~ 30cm 为宜。

三、适宜推广区域

适宜在山东苹果产区春季栽植。

四、注意事项

病虫防治应坚持“预防为主，综合防治”的原则。防治的重点是“三病三虫”，三病是轮纹病、早期落叶病、褐斑病；三虫为苹果小卷蛾、棉铃虫、螨类。

第四十七节

元富红

← 图1.167　元富红果实性状
← 图1.168　元富红横切面
← 图1.169　元富红纵切面
↓ 图1.170　元富红结果枝

登记编号：GPD 苹果（2018）370010
品种来源：芽变选种，从烟富 3 号中选出
登记单位：蓬莱市元峰果业专业合作社

↑ 图 1.171　元富红结果树

一、特征特性

鲜食。树冠中大，树势中庸偏旺，干性较强，枝条粗壮，树姿半开张。多年生枝赤褐色，皮孔中小，较密，圆形，凸起，白色。叶片中大，平均叶宽 5.3cm，长 7.8cm，多为椭圆形，叶片色泽浓绿，叶面平展，叶背茸毛较少，叶缘锯齿较钝，托叶小，叶柄长 2.3cm。当年生枝，节间长度为 2.8cm（烟富 3 号为 3.1cm）。花蕾粉红色，盛开后花瓣白色，花冠直径 3.1cm，花粉中多。在蓬莱地区一般 3 月底至 4 月初萌芽，初花期 4 月 19 日至 4 月 21 日，盛花期 4 月 22 日至 5 月 1 日，花期 9 天左右。4 月下旬至 6 月上旬为春梢迅速生长期，7 月中旬至 8 月下旬为秋梢生长高峰，10 月下旬果实成熟，果实发育期为 170 天左右，11 月底落叶，该品种开始着色与上满色时间比烟富 3 号早 5 天以上。果实大型，平均单果重 293g，长圆形，高桩、端正，果形指数 0.89 ~ 0.91；色泽艳丽，富光泽，片红，全红果比例达 98% 以上；套袋果脱袋后上色特快，且长时间保持鲜艳的宝石红色；果面光滑，果点稀小；果肉淡黄色，爽脆多汁，味甜微酸，风味佳。可溶性固形物含量 14.8%，可滴定酸含量 0.15%，果肉硬度 8.1kg/cm^2。对轮纹病抗性较差，较抗炭疽病、早期落叶病，在适应性和抗逆性方面，对气候、土壤的适应性强，很少有生理落果和采前落果现象。第 1 生长周期亩产 1542kg，比对照烟富 3 号增产 4.04%；第 2 生长周期亩产 3852kg，比对照烟富 3 号增产 11.12%。

二、栽培技术要点

① 建园　元富红栽植园地选择在生态条件良好、土层较深厚、水利条件较好的农业生产区域。科学规划园区定植走向，确定合理株行距，采用4m×5m的株行距，建议株间假植，增加密度和前期产量。

② 整形修剪　树形采用改良纺锤形。幼树定植当年采取80～90cm定干，当年七八月份进行定主枝，主枝以外的枝拉平或者拉下垂。第二年春天除三大主枝以外的枝，原则上全部疏除，集中养分，培养中心干和三大主枝，主枝角度调整到65°～70°。第三年中干着生的其他枝在当年七八月份全部拉平，促使成花结果，主枝上着生的侧枝，适当拉下垂，控制侧枝粗度。幼树期间要尽量轻剪，增加枝量，达到四年结果、五年丰产的目标。

③ 肥水管理　幼树期间以氮肥和磷肥为主，每棵树施0.5～1kg，进入挂果期，全年施肥量按每产100kg果施入纯氮1kg、磷0.8kg、钾1kg、基肥260～300kg。追肥在花前、花后、幼果膨大期、采果前1个月施入，基肥在秋季采果后一次性施足。叶面喷肥全年4～5次，一般结合果园喷药进行，以补充果树生长发育所需的硼、钙、锌、铁等中微量元素为主。视土壤墒情适时灌水，五月底至六月初适当控水，浇足越冬水。

④ 病虫害防治　注意防治红蜘蛛、金纹细蛾、苹果轮纹病、白粉病、斑点落叶病、褐斑病等，要特别重视枝干轮纹病的防治。

三、适宜种植区域及季节

适宜在山东、陕西、山西、河南、河北、辽宁、江苏北部、安徽北部、甘肃、新疆、四川、云南部分地区春季栽培。

四、注意事项

上色速度快，可以适当减少采前摘叶量，减少反光膜的使用量。需要特别重视枝干轮纹病的防治。

第四十八节

博士达1号

← 图 1.172　博士达 1 号花
← 图 1.173　博士达 1 号果实
↓ 图 1.174　博士达 1 号结果树

登记编号： GPD 苹果（2019）370002
品种来源： 烟富 3 号芽变
登记单位： 烟台市博士达有机果品专业合作社

一、特征特性

鲜食。树体直立健壮，树姿半开张；主干树皮灰褐色，光滑；多年生枝灰褐色，一年生枝红褐色、光滑，皮孔小而明显、密度中。一年生枝节间长度为 2.8cm。花蕾白色，盛开后花瓣白色，花冠直径 1.7cm，花粉中多。成熟叶片深绿色，叶片卵圆形，平展，叶缘细锯齿状；平均叶长 9.3cm，叶宽 5.6cm，叶长宽比为 1.67，平均叶柄长度为 2.8cm。叶芽近三角形，中尖，紧贴于茎上，鳞片紧，茸毛中多。花芽中大，圆锥形，先端稍尖，鳞片较紧，茸毛少。果实圆形或近圆形，高桩，端正，果形指数 0.9 ~ 0.92，平均单果重 252g，最大果重 520g；萼孔小，萼洼宽 1.1cm，果梗长 2.9cm，梗洼深 1.0cm，梗洼无锈。果面光洁，光洁度指数为 92.2%；果面平滑、有光泽，蜡质多，果粉少，无锈，底色黄白，成片被有鲜红色，色彩艳丽，全面着红色，着色面积在 95% 以上；果点中大、明显；成熟后果肉黄色，爽脆多汁，酸甜爽口，有浓郁的芳香味，极耐储存，货架期长。可溶性固形物含量 15.7%，可滴定酸含量 0.31%，果肉硬度 9.8kg/cm^2。抗炭疽病、炭疽叶枯病，耐轮纹病、腐烂病，抗旱、耐寒、不耐盐碱。第 1 生长周期亩产 2286kg，比对照烟富 3 号增产 8.4%；第 2 生长周期亩产 2307kg，比对照烟富 3 号增产 8.1%。

二、栽培技术要点

其栽培技术要点可参照烟富 3 号的栽培管理：

① 起垄栽培；

② 建议采用纺锤形树形；

③ 合理负载，做好花果管理；

④ 做好病虫害防控；

⑤ 建议采用宽行密植模式，自根砧每亩 110 棵，中间砧每亩 70 ~ 80 棵，乔化砧每亩 46 棵。

三、适宜种植区域及季节

适宜在山东苹果种植区春秋季种植。

四、注意事项

成熟期注意适时采收。

第四十九节
烟富111

→ 图1.175　烟富111横切图
↓ 图1.176　烟富111花
↓ 图1.177　烟富111果实

登记编号： GPD苹果（2018）370048
品种来源： 芽变选种
登记单位： 烟台市松立农业科技有限公司

↑ 图 1.178　烟富 111 结果树

一、特征特性

鲜食。条纹红，晚熟品种，中短枝明显，萌芽率高，一年生枝容易形成丛枝、短果枝、中果枝、腋花芽，顶花芽饱满，每花序 5 ~ 7 朵，花蕾粉红色，盛开后花瓣白色，花径 3.2cm，花粉中等，盛花后期萼片雄蕊基部红褐色。果实长圆形，果形指数 0.93，果实大小均匀，萼洼较浅。大型果，色泽艳丽，口感脆甜，平均单果重 280g，最大果重 600g。着色速度快，脱袋当天就可着色，3 ~ 4 天全面着色，5 ~ 7 天即可采收，不套袋、不铺反光膜均是条纹红。着色稳定，不褪色，早脱袋晚脱袋都是条纹红，脱袋一个月颜色不老。果粉厚，蜡质层厚，优质果率 90%。果肉黄色，肉质细，果肉平均硬度 9.0kg/cm^2，平均可溶性固形物含量 15.3%，可滴定酸含量 0.15%。成熟期为 10 月初，可采收至 11 月下旬，不落果，果实发育期为 160 ~ 190 天。对轮纹病、花叶病、苹果干腐病抗性较强，抗裂纹、果锈、日灼。挂果期长，不落果。第 1 生长周期亩产 1390kg，比对照 2001 增产 10.3%；第 2 生长周期亩产 2310kg，比对照 2001 增产 5.9%。

二、栽培技术要点

山地丘陵平原均可栽培，山地丘陵适合栽培乔化果树，建议使用纺锤树形，以株行距 2m×5m 建园，平原地区适合栽植矮化中间砧果树，以株行距 2m×4m 建园，授粉树比例为 5% ~ 10%，授粉树品种可以选择太平洋嘎拉、288、金帅、王林、红色之爱等。土壤中有机质含量为 0.90% 左右。果园土地平整，土层深厚，活土层 60cm 以上，亩施有机肥料 3000kg 以上，其他用有机复混肥补充。以秋施基肥为主，在花前、花后、幼果膨大期等物候期灌水时适量追肥，氮、磷、钾比例按每生产 100kg 苹果，施氮 1.0 ~ 1.2kg，施五氧化二磷 0.5 ~ 0.75kg，施氧化钾 1.0 ~ 1.2kg。根据树体营养诊断适量施用微量元素。对花芽多的树进行花前复剪，调节花、叶芽的比例至（1∶3）~（1∶4）。花序分离期始，每间隔 20cm 左右，选留一个粗壮花序，其他多余的花序全部疏掉。谢花后 10 天开始疏果，一个月内结束。根据树势强弱、坐果多少确定适宜的留果间距，一般为 20 ~ 25cm，选留一个坐果的壮花序，留一个中心果，把多余的幼果全部疏除。苹果谢花后 30 ~ 40 天开始套纸袋，6 月中下旬至 7 月上旬结束。套袋前进行疏果，并喷一次杀菌剂。果实采收前 20 ~ 30 天去袋。脱袋时间根据每年天气变化和市场需要，一般在 9 月 25 日至 10 月 20 日前后脱袋，在树冠下铺设反光膜。主要防治腐烂病、早期落叶病、轮纹病、桃蛀果蛾等病虫害。

三、适宜种植区域及季节

适宜在山东、山西、河南、河北、云南、贵州、四川、新疆春秋两季栽培。

四、注意事项

注意防治苹果果锈、白粉病和霉心病。

第五十节

紫弘

↑ 图 1.179　紫弘花

← 图 1.180　紫弘与烟富 3 号果实对比

登记编号： GPD 苹果（2020）370037

品种来源： 烟富 3 号芽变

登记单位： 龙口市南村果园果业有限公司

↑ 图 1.181　紫弘结果状

一、品种特性

鲜食。树势强，干性强，树冠中大，树姿开张，萌芽力强，成枝能力强，成花能力强。枝条粗壮，长枝型，多年生枝条褐色，一年生枝中等粗细，为 0.56cm，节间长度中等，为 2.06cm，茸毛疏，皮孔数量中等、圆形、凸起、白色。叶片平均长度为 7.3cm，平均宽度为 5cm，长宽比中等，叶片中等绿色，椭圆形，叶面平展，叶缘锯齿为锐齿，平均叶柄长度为 2.8cm，叶面上卷，叶脉凸起，叶背面茸毛较多。花芽圆锥形，叶芽三角形，中大，每花序 5 朵花。花蕾深红色，花冠直径 3.32cm，花瓣相对位置相接，花瓣卵形，花丝基部和花托深红色。果实近圆形，大果，平均单果重 305g，果顶五棱凸起，着色全红，片红，底色黄绿，梗洼和萼洼着色也全红。果粉多，果蜡厚，果面光滑无锈，果肉硬脆，浅黄色。果实高桩，果实纵横径比为 0.88，横径平均 8.46cm。10 月中旬成熟，可溶性固形物含量 15.3%，脱袋后三天上色，五天全红，一级果率可达 80% 以上。可滴定酸含量 0.17%，果肉硬度 8kg/cm^2。抗锈病，抗霜锈，耐贮藏，生理落果程度轻。第 1 生长周期亩产 900kg，比对照烟富 3 号增产 1%；第 2 生长周期亩产 3800kg，比对照烟富 3 号增产 0.6%。

二、栽培技术要点

① 适宜砧木　选择平邑甜茶、八棱海棠、新疆野苹果等乔化砧木，M9 矮化自根砧，M26 矮化中间砧等。

② 适宜树形　纺锤形、开心形、疏层形等。

③ 授粉树配置　王林、嘎拉、红星、红玛瑙、维纳斯黄金等。

④ 产量控制　丰产期产量控制在大约 3000kg 每亩，提高成品率，减少大小年现象。

⑤ 肥水管理　前期以氮肥为主，六月份中期适当增加磷肥，八月份开始尽量不用氮肥，适当增加钾肥用量，底肥使用量占到全年的 60% ~ 70%，禁止激素催果。五月中旬前土壤水分含量为 60% ~ 70%，六月份控制水分含量，刺激花芽形成，七八月份水分含量大，为 70% ~ 80%。

⑥ 生草栽培　鼠茅草和长柔毛野豌豆、黑麦草等。

⑦ 病虫害防治　预防为主，综合防治。

三、适宜推广区域

适宜在山东环渤海生态区春季和秋季种植。

四、注意事项

不抗粗皮病和轮纹病，需加强肥水管理和修剪，为防治大小年，产量应控制在 3000kg 每亩，提高成品率。

第五十一节

果都红1号

↑ 图1.182 **果都红1号花**

登记编号： GPD 苹果（2020）370013
品种来源： 秋富1号芽变
登记单位： 栖霞润林苗木科技有限公司

← 图 1.183　果都红 1 号果实
↓ 图 1.184　果都红 1 号横切面
↓ 图 1.185　果都红 1 号结果状

一、特征特性

鲜食。树势健壮，树枝开张，易成花，以中短枝结果为主。多年生枝灰褐色，叶片大，为阔椭圆形，色泽浓绿，叶面平展微曲，叶背绒毛中等，叶缘钝锯齿，托叶较少，萌芽率高，成枝力中等偏强，不易早衰。顶花芽圆钝饱满，鳞片褐红色，每花序平均 4 ~ 7 朵，花蕾粉红色，盛开后花瓣白色，花粉中多。果实长圆形，果形指数 0.89，果实大小均匀，整齐度高，萼洼较浅，梗洼深，果个大。着色速度快，果柄全红，色型为满红型着色，没有条纹着色特征。色泽水红、艳丽，色泽稳定，低温阴雨对着色影响不大，霜降脱袋 6 ~ 7 天采收，可采收期长。果粉厚、蜡质层厚，抗日灼、水侵纹。果肉乳黄色，肉质细脆，多汁香甜，成熟期为 10 月中下旬，可采收期为 10 月上旬到 11 月上旬，果实发育期为 170 ~ 180 天，以短果枝结果为主，有腋花芽结果习性。可溶性固形物 15.7%，可滴定酸含量 0.168%，平均单果重 259g，果肉硬度平均为 8.6kg/cm^2。对炭疽病、炭疽叶枯病有较强抗性，对霉心病、轮纹病抗性优于秋富 1 号。耐日灼、抗果锈，无生理落果现象，对土壤气候适应性强。第 1 生长周期亩产 1420kg，比对照烟富 3 号增产 8%；第 2 生长周期亩产 2480kg，比对照烟富 3 号增产 5%。

二、栽培技术要点

选择有灌溉条件的肥沃土壤栽培，在山区丘陵地区，宜选择乔化砧，以主干形或纺锤形栽培，按 2m×4m 或 2.5m×4m 株行距建园。平原地区可选择苹果矮化砧 M9T337 或矮化中间砧，按（1 ~ 1.5）m×4m 株行距建园。授粉树按 5% ~ 10% 配置，授粉品种可选嘎拉、千秋。全年施肥量按每 100kg 鲜果施入纯氮 1kg、磷 0.8kg、钾 1kg、腐熟有机肥 500 ~ 800kg，追肥在花前、花后、幼果膨大期、采果前一个月施入，叶面喷肥全年 4 ~ 6 次。视土壤墒情适时浇水排水，该品种成花容易，坐果率高，应及时疏花疏果，每隔 25cm 留一果，一台一果，在谢花后 15 ~ 20 天内全面完成疏果定果。在 5 月下旬到 6 月上旬花芽分化临界期施足高钾复合肥的基础上及早完成苹果套袋工作，套袋要注意在喷药 2 天后进行，5 天内完成，审慎选择药剂，避免果锈产生。脱袋前全园喷好杀菌剂，同时配合浇水。脱袋后只摘去挡在果实上的叶片，加果垫，着色 3 ~ 4 天将两个果接触的地方轻微转果，在树冠下行间铺设反光膜。生长季注意防治苹果蚜虫，红、白蜘蛛，金纹细蛾，卷叶蛾，介壳虫，康氏粉蚧等害虫。注意预防苹果褐斑病、白粉病、炭疽病、轮纹病等侵染危害。

三、适宜种植区域及季节

适宜在山东、贵州富士适栽区春秋季种植。

四、注意事项

要平衡施肥，维持健壮树势，确保产量质量稳定。加强树体保护，防止树势染病早衰，合理平衡负载。花期多雨地区和年份注意预防苹果霉心病、白粉病，其他同富士品种。建议在自然授粉的基础上配合人工和昆虫授粉措施。

第二章

中晚熟品种

第一节

首富3号

登记编号：GPD 苹果（2020）370011
品种来源：芽变选种
登记单位：莱州大自然园艺科技有限公司

← 图 2.1　首富 3 号果实
↓ 图 2.2　首富 3 号结果状

一、特征特性

鲜食。树冠中大，树势中庸偏旺，干性较强，枝条粗壮，树姿半开张。该品种果实大型，端正高桩，果肩略宽，萼洼宽，果形近圆形，果实大小整齐一致，平均单果重 287g；果实底色浅绿色，盖色红色，盖色面积大，色泽艳丽，果肉浅黄色，肉质致密，汁多肉脆，甜味浓、甘甜适口，耐贮运。无采前落果现象，9 月中旬成熟。果实发育期为 150 ~ 155 天；幼树生长旺盛，有腋花芽结果习性，易成花，早果性强，丰产性好，无明显的大小年。属综合性状优良的中熟芽变品种。可溶性固形物含量 13.0% ~ 16.6%，可滴定酸含量 0.28%，果形指数 0.89，色泽艳丽，片红，果肉硬度 8.8kg/cm^2。在抗黑点病、霉心病方面优于红将军，对轮纹病抗性较差，在平原和丘陵地区都能适应，抗旱、抗寒性中等。第 1 生长周期亩产 734kg，比对照红将军增产 57.9%；第 2 生长周期亩产 2642kg，比对照红将军增产 91.1%。

二、栽培技术要点

① 选择有灌溉条件、土壤肥沃的地区栽培，提倡春栽。栽前做好土壤改良。定植后抓好肥水管理。

② 用茎干粗壮、根系发达的壮苗，于 3 月下旬进行建园。进行宽行定植，乔化砧普通苗木定植株行距一般为（3.5 ~ 4）m×（4 ~ 5）m。矮化砧苗木定植株行距一般为（1.5 ~ 2.0）m×（3 ~ 4）m。可与金帅、元帅系品种互作授粉树。对于普通苗木的乔化砧苗木，其栽植深度与苗圃的深度一致即可；对于 M 系中间砧矮化苗木在栽植上，采取“二重砧”的栽植方式。具体栽植深度是，埋到中间砧约三分之二处。要避免栽得过深。

③ 做好花果管理，及时进行疏花疏果工作。合理负载，提高果实商品率。培养纺锤形树体结构。维持中庸偏旺的生长势，保持生长和结果的平衡。

④ 注意抓好红蜘蛛、金纹细蛾、苹果轮纹病、白粉病、斑点落叶病、褐斑病等病虫害防治工作。

三、适宜种植区域及季节

适宜在北京、甘肃、贵州、河北、河南、江苏、辽宁、宁夏、青海、山东、山西、陕西、西藏、新疆、云南苹果适生区春季发芽期定植。

四、注意事项

在胶东半岛地区，对轮纹病抗性较差，在夏季高温多雨栽培区应抓好轮纹病的防治工作。

第二节

宋富二号

← 图 2.3　宋富二号花
↓ 图 2.4　宋富二号果实
↓ 图 2.5　宋富二号切面图

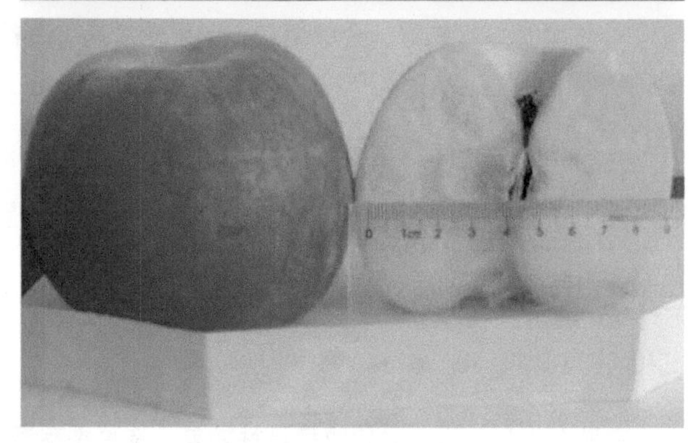

登记编号： GPD 苹果（2021）370013
品种来源： 首尔红富士芽变选育
登记单位： 莱州大自然园艺科技有限公司

← 图 2.6 宋富二号结果树

一、特征特性

鲜食。分枝型，树姿开张，树势强。花蕾颜色粉红，花瓣形状卵圆形，重瓣性无，成枝力强。连续结果能力强。生理落果程度轻，采前落果程度轻。果实长圆形，着色类型为条红，果实成熟时果面有蜡质，有果粉，果面平滑，无棱起。果点小，果点密度疏，果实成熟时心室占整个果实的比例小。果肉颜色淡黄，质地硬脆，汁液多，风味酸甜适度。香气浓，异味无。果实横径 8cm，纵径 7.8cm。果实成熟期为 9 月中旬。终花期到果实成熟期 150 天，果实可贮藏 300 天。可溶性固形物含量 15.7%，可滴定酸含量 0.27%，平均单果重 289g，果肉硬度 8.84kg/cm^2。宋富二号与红将军相比霉心病程度轻，套袋果果面光洁，黑点明显少。在胶东半岛地区，与富士系品种相同，对轮纹病抗性较差。抗旱，耐寒，与富士苹果相当，耐瘠薄，适应性强。第 1 生长周期亩产 1430kg，比对照红将军增产 25%；第 2 生长周期亩产 2942kg，比对照红将军增产 23.6%。

二、栽培技术要点

① 选择有灌溉条件、土壤肥沃的地区栽培，北方苹果栽培区（冬季温度零度以下）提倡春栽，南方苹果栽培区（冬季温度零度以上），宜秋季栽植。栽前做好土壤改良。定植后抓好肥水管理。

② 用茎干粗壮、根系发达的壮苗，于3月下旬进行建园。进行宽行定植。乔化砧普通苗木定植株行距一般为（3.5 ~ 4.0）m×（4.0 ~ 5.0）m。矮化砧苗木定植株行距一般为（1.5 ~ 2.0）m×（3.0 ~ 4.0）m。可与金帅、元帅系品种互作授粉树。对于普通苗木的乔化砧苗木，其栽植深度与苗圃的深度一致即可；对于M系中间砧矮化苗木在栽植上，采取“二重砧”的栽植方式。具体栽植深度是，埋到中间砧约三分之二处。要避免栽得过深。

③ 做好花果管理，及时进行疏花疏果工作。合理负载，提高果实商品率。培养纺锤形树体结构。维持中庸偏旺的生长势，保持生长和结果的平衡。

④ 注意抓好防治红蜘蛛、金纹细蛾、苹果轮纹病、斑点落叶病、褐斑病等病虫害防治工作。

三、适宜种植区域及季节

适宜在北京、贵州、河北、河南、江苏、山东、山西、新疆、云南苹果适生地春秋季栽植。

四、注意事项

较抗霉心病、黑点病，无采前落果现象，易感轮纹病，夏季高温多雨季节时，应抓好轮纹病的防治。树势旺，可采用矮化自根砧苗木建园，应设立支架、立柱。

第三节

鑫早富

← 图 2.7　鑫早富与红将军对比照
↓ 图 2.8　鑫早富结果枝
↓ 图 2.9　鑫早富横切面

登记编号： GPD 苹果（2018）370044
品种来源： 芽变选育，从红将军中选出
登记单位： 蓬莱鑫源工贸有限公司

← 图 2.10 鑫早富纵切面
↓ 图 2.11 鑫早富结果树

一、特征特性

鲜食。果实大型，平均单果重 291g，近长圆形，高桩，果形指数 0.88；色泽艳丽，富光泽，片红，着色好，全红果比例达 90% 以上；套袋果脱袋后上色特快，且可长时间保持鲜艳色泽；果面光滑，果点稀小；果肉浅黄色，爽脆多汁，硬度 9.2kg/cm^2，可溶性固形物含量 13.9%，可滴定酸含量 0.21%，味甜微酸，风味佳；果实发育期为 145 ~ 150 天；开始着色与上满色时间比红将军早 3 ~ 5 天。田间表现对轮纹病抗性较差，比较抗炭疽病、早期落叶病。对气候、土壤的适应性强，适栽区域广，商品果率高，很少有生理落果和采前落果。第 1 生长周期亩产 1655.5kg，比对照红将军增产 6.7%；第 2 生长周期亩产 4158kg，比对照红将军增产 7.5%。

二、栽培技术要点

① 建园　选择生态条件良好、土层较深厚、具有可持续生产能力的农业生产区域。科学规划园区定植走向，确定合理株行距，采用宽行密植模式，矮化自根砧株行距为（0.8 ~ 1.2）m×（3.2 ~ 3.5）m，中间砧株行距为（2.0 ~ 2.5）m×（4 ~ 4.5）m，乔化砧株行距为（3 ~ 4）m×（4.5 ~ 5）m，建议配置授粉树为嘎拉或专用授粉品种“红玛瑙”。

② 栽植　对乔化砧或矮化砧果园要求选用自由纺锤树形，高定干苗木栽植的当年，在秋梢发生期对竞争枝进行极重短截。休眠期修剪，按标准选留好骨干枝，对选留的骨干枝一律实行重短截，对中央领导干实行剪截，保留所有的饱满芽。翌年萌芽前，从剪口下第三芽开始，每隔三个芽刻一个芽，一直刻到上一年定干剪口处。

③ 修剪扶干　新植园在一律实行高定干的基础上，四年生以内树在保证整形效果的基础上，一律实行轻剪，尽可能多地保留树体的生物产量，以利于早果丰产。

④ 修剪时间　苹果树休眠期的修剪应在萌芽前一个月开始，半个月以内完成。

⑤ 肥水管理　全年施肥量按每产 100kg 果施入纯氮 1kg、磷 0.8kg、钾 1kg、基肥 250 ~ 300kg。追肥在花前、花后、幼果膨大期、采果前 1 个月施入，基肥在秋季一次性施足。叶面喷肥全年 4 ~ 5 次，一般结合果园喷药进行。

⑥ 病虫害防治　注意防治红蜘蛛、金纹细蛾、苹果轮纹病、白粉病、斑点落叶病、褐斑病等，要特别重视枝干轮纹病的防治。

三、适宜种植区域及季节

适宜在山东、山西、河南、河北、陕西、辽宁苹果产区春季栽植。

四、注意事项

对轮纹病抗性较差。

第四节

甜九月

← 图 2.12　甜九月花
↓ 图 2.13　甜九月横切面
← 图 2.14　甜九月果实

登记编号： GPD 苹果（2021）370001
品种来源： 金冠 × 千秋
登记单位： 烟台大山果业开发有限公司

→ 图 2.15　甜九月枝条

→ 图 2.16　甜九月结果树

一、特征特性

鲜食。树势健壮，树姿开张，易成花，易丰产，以短枝结果为主。多年生枝灰褐色，皮孔细小，较稀，圆形，白色，微凹。叶片大，平均叶宽 5.6cm，叶长 8.7cm，与“金帅”相当，厚度为 0.41mm，为阔椭圆形，色泽浓绿，叶面平展微曲，叶背绒毛稀少，叶缘钝锯齿，托叶较小，叶柄平均长度为 2.36cm。平均节间长度为 2.12cm，秋生新梢平均长度为 32.7cm，萌芽率为 91.3%，成枝力偏强，不易早衰，一年生枝甩放，容易形成叶丛枝、短果枝、中果枝、长果枝、腋花芽。顶花芽圆钝饱满，鳞片褐红色，每花序 5 ~ 7 朵，花蕾粉红色，盛开后花瓣白色，花径 3.2cm，花粉中多，盛花后期萼片雄蕊基部呈红褐色。果实长圆形，果形指数 0.89，果实大小均匀，整齐度高，萼洼较浅，梗洼深，果个大，平均单果重 240g，最大单果重 470g，优质果率 85% 以上，果肉乳黄色，肉质细脆，多汁香甜。成熟期为 9 月中下旬，可采收期为 9 月上旬到 10 月上旬，果实发育期为 130 ~ 150 天，以短果枝结果为主，有腋花芽结果习性。果实黄绿色，不用上色。早果性、丰产性均好，适宜密植。可溶性固形物 16.7%，可滴定酸含量 0.15%，果肉硬度 8.5kg/cm^2，肉质脆，果实极耐贮藏，贮藏后果肉不发面，果实略有香味，酸甜适口。对炭疽病抗性较强，对霉心病抗性同金帅。抗日灼、裂口、果锈能力强，无采前落果、生理落果现象。对土壤气候适应性强。第 1 生长周期亩产 1317kg，比对照金帅增产 9.5%；第 2 生长周期亩产 2410kg，比对照金帅增产 8.8%。

二、栽培技术要点

选择有灌溉条件的肥沃土壤栽培，在山区丘陵地区，宜选择乔化砧，以主干形或纺锤形栽培，按 2m×4m 或 2.5m×4m 株行距建园，平原地区可选择苹果矮化砧 M9T337 或矮化中间砧，按（1.0 ~ 1.5）m×4m 株行距建园，可与中秋王富士互相授粉。全年施肥量按每 100kg 鲜果施入纯氮 1kg、磷 0.8kg、钾 1kg、腐熟有机肥 250 ~ 300kg，追肥在花前、花后、幼果膨大期、采果前一个月施入，叶面喷肥全年 4 ~ 6 次，补充生长发育所必需的硼、锌、钙、铁等中微量元素。视土壤墒情、天气降水情况，适时浇水排水。成花容易，坐果率高，应及时疏花疏果，每隔 25 ~ 28cm 留一果，一台一果，留大型果、健全果。在谢花后 15 ~ 20 天内全面完成疏果定果，在 5 月下旬到 6 月上旬花芽分化临界期施足高钾肥复合肥的基础上及早完成苹果套袋工作，套袋要注意在喷药 2 天后进行，5 天内完成，审慎选择药剂，避免果锈产生。脱袋前全园喷好杀菌剂，同时配合浇水。生长季注意防治苹果蚜虫，红、白蜘蛛，金纹细蛾，卷叶蛾，介壳虫，康氏粉蚧等害虫，注意预防褐斑病、白粉病、炭疽病、轮纹病等侵染危害。

三、适宜种植区域及季节

适宜在山东、新疆、陕西、山西、河南、河北苹果适生区春季或者土壤封冻前栽植。

四、注意事项

注意平衡施肥，维持健壮树势，确保产量、质量稳定。加强树体保护，防止树体染病早衰，合理平衡负载。花期多雨地区和年份注意预防苹果霉心病、白粉病。寒冷地区注意花期防寒、防冻。

第三章

中早熟品种

第一节

烟农早富

← 图 3.1　烟农早富花

↓ 图 3.2　烟农早富切面图

↓ 图 3.3　烟农早富结果树

登记编号：GPD 苹果（2018）370060

品种来源：长富 2 号芽变

登记单位：山东省烟台市农业科学研究院

一、特征特性

鲜食。树体强健，树冠中大，树姿开张。九月中旬成熟，果实近圆形，果形指数0.89，果个大，平均单果重261.5g。果实底色黄绿，果面全面着条纹状红色，着色面积达85%，果肉黄白色，肉质松脆，口感甜酸多汁，香气浓郁。可溶性固形物含量13.8%，可滴定酸含量0.13%，果肉硬度8.8kg/cm^2。抗炭疽叶枯病，中抗腐烂病、斑点落叶病和枝干轮纹病，抗旱、抗寒能力中等。第1生长周期亩产2000kg，比对照长富2号增产2.0%；第2生长周期亩产4500kg，比对照长富2号减产1.0%。

二、栽培技术要点

经多年栽培和苗木繁育试验，烟农早富与我国常用的八棱海棠、平邑甜茶等实生砧以及M9T337、MM106等自根砧有较好的嫁接亲和性；在平原地或具有很好的浇水条件、适宜矮砧栽种的地区，可发展M9T337苗木的“矮化砧宽行集约”栽培模式，栽培株行距为1.5m×4.0m，树形采用高纺锤形；在土层比较瘠薄、缺乏水浇条件的山区丘陵，应采用八棱海棠等深根系的实生砧木苗木，采用“乔化砧宽行高干集约栽培”模式，株行距（3.0～4.0）m×5.0m，树形采用自由纺锤形。建园时建议采用起垄栽培模式，行间种植黑麦草或鼠茅草，有条件的果园可安装肥水一体化设施或微喷灌溉设施，提高肥水利用效率。为提高果实品质，秋施基肥时，建议每株盛果期的树可增施3.0kg的稻壳炭肥。

三、适宜种植区域及季节

适宜在山东、河北、陕西苹果适栽区春季种植。

四、注意事项

该品种属于早熟富士系品种，不宜与红富士品种互作授粉树，可选用专用的海棠授粉品种，也可与嘎拉、美国8号、红露等品种互为授粉树。果实管理方面，应严格进行疏花疏果，合理控制产量，进行套袋栽培，果袋选用内红外褐的双层纸袋，果实采收前10～15天摘袋。

第二节

烟香玉

登记编号：GPD 苹果（2019）370007

品种来源：自然实生

登记单位：山东省烟台市农业科学研究院

← 图 3.4　烟香玉切面图

← 图 3.5　烟香玉结果枝

↓ 图 3.6　烟香玉结果树

一、特征特性

鲜食。树势中强，树姿开张。果实长圆柱形，高桩，表面光滑，有蜡质，果点中大、密，果实颜色为黄色，果肉浅黄色，硬脆、肉质细腻，较其他中熟品种耐贮藏，自然条件下可贮藏2个月，9月中上旬果实成熟，盛果期亩产1950kg。可溶性固形物含量15.5%，可滴定酸含量0.32%，平均单果重120.2g，维生素C含量2.53mg/100g，果肉硬度9.2kg/cm^2。高抗轮纹病、斑点落叶病、炭疽叶枯病。抗旱、抗寒能力中等。第1生长周期亩产680kg，比对照红露减产45.6%；第2生长周期亩产1950kg，比对照红露减产48.4%。

二、栽培技术要点

该品种若以八棱海棠实生砧木为基砧，定植株行距以（2～2.5）m×4m为宜，若采用M26、M9矮化砧，株行距以1.5m×4m为宜，树形采用自由纺锤形。建园时建议采用起垄栽培模式，行间种植黑麦草或鼠茅草，有条件的果园可安装肥水一体化设施或微喷灌溉设施，提高肥水利用效率。为提高果实品质，秋施基肥时，建议每株盛果期的树可增施3.0kg的稻壳炭肥。该品种果实为黄色，可以进行无套袋栽培，提高果实的口感品质。

三、适宜种植区域及季节

适宜在山东、甘肃、河北、云南、辽宁苹果适栽区春季定植。

四、注意事项

该品种无采前落果现象，对肥水无特殊要求，按照常规管理即可。

第三节

太红嘎拉

↑ 图 3.7　太红嘎拉与太平洋嘎拉、皇家嘎拉、烟嘎 1 号果实性状比较

→ 图 3.8　太红嘎拉果实

登记编号： GPD 苹果（2020）370010

品种来源： 芽变选种

登记单位： 莱州大自然园艺科技有限公司

← 图 3.9　太红嘎拉结果状

一、特征特性

鲜食。幼树长势较旺，成龄树树势中庸，树体分枝型，树姿开张。成花易，结果早，极丰产，一般二年见花，三年结果，四年丰产。果柄长，果实多呈下垂状态。果台上着生的叶片与果实有一定间隔，叶片上翘不贴果。果形端正高桩，果形指数 0.9 以上，果实大小整齐一致，70mm 以上的果占 80% 以上，平均单果重 200g；果实底色黄绿，套袋果为绿白色，盖色为鲜艳的浓红色，全红，阳面被玫瑰红色霞，有不明显断续的暗红色条纹，着色早，一般比烟嘎 1 号上色早 10 ~ 15 天，比皇家嘎拉早一周左右，上色快，梗洼、萼洼均能着色，全红果率高，商品率高。果肉淡黄色，肉质硬脆，酸甜适口，汁多味浓。果皮厚，有蜡质，果点明显。果实耐贮运。果实可采期为 8 月上旬，成熟期为 8 月中下旬。果实发育期为 95 ~ 105 天。可溶性固形物含量 13.9%，可滴定酸含量 0.24%，果肉硬度 8.79kg/cm^2，其他果实大小整齐一致。抗轮纹病和炭疽病，抗裂果能力明显好于皇家嘎拉，太红嘎拉在丘陵山地、平原均能适应。第 1 生长周期亩产 1750kg，比对照皇家嘎拉增产 14.8%；第 2 生长周期亩产 5404kg，比对照皇家嘎拉增产 31.2%。

二、栽培技术要点

① 栽前做好土壤改良。提倡春栽。定植后抓好肥水管理，增施有机肥。

② 用茎干粗壮、根系发达的壮苗，于3月下旬进行建园。乔化砧普通苗木定植株行距一般为（3.5～4）m×（4～5）m，每亩栽植30～54株。矮化砧苗木定植株行距一般为（2～2.5）m×（3～4）m，每亩栽植67～110株。可与富士系、元帅系品种互作授粉树。对于普通苗木的乔化砧苗木，其栽植深度与苗圃的深度一致即可；对于M系中间砧矮化苗木，在栽植上采取“二重砧”的栽植方式。埋到中间砧约三分之二处。采用矮化砧须配备支架设施。

③ 该品种宜维持中庸偏旺的生长势，及时进行疏花疏果工作。合理负载，提高果实商品率。培养纺锤形树体结构。

④ 注意抓好红蜘蛛、金纹细蛾、苹果轮纹病、斑点落叶病、褐斑病等病虫害防治工作。

三、适宜种植区域及季节

适宜在北京、甘肃、贵州、河北、河南、江苏、辽宁、宁夏、青海、山东、山西、陕西、西藏、新疆、云南苹果适生区春季发芽期定植。

四、注意事项

及时疏花疏果，合理负载，维持中庸偏旺的生长势，提高果实商品率。矮化栽培果园必须设立支架，严防风折。

第四节

香彤

↑ 图 3.10　香彤花

← 图 3.11　香彤果实

登记编号： GPD 苹果（2020）370024

品种来源： 嘎拉芽变

登记单位： 烟台中惠苹果种植有限公司

← 图 3.12　香彤结果状
← 图 3.13　香彤横切图
← 图 3.14　香彤纵切图
← 图 3.15　香彤结果树

一、特征特性

鲜食。该品种树皮呈浅灰褐色、粗糙，一年生枝较粗壮，叶片质薄，叶芽饱满，花芽肥大，萌芽率高，树势开张。果实中型，果形端正，高圆锥形，平均单果重 190g，横径 6.6 ~ 8.5cm；果肉乳白色略黄，可溶性固形物含量 14.8%，可滴定酸含量 0.2%，肉质爽脆，汁液多，风味香甜。果柄较长，树冠上下内外着色均好。全红果，色泽浓红。该品种 8 月下旬成熟，结果早，丰产稳产。套纸袋的果实摘袋后 5 ~ 7 天即达到满红，比其他嘎拉有明显的着色优势。在烟台地区初花期为 4 月 11 日前后。抗黑点病、红点病、炭疽病，对粗皮病、轮纹病、霉心病的抗性同嘎拉。无采前生理落果现象，抗日烧、皴裂、果锈、裂口等能力比较强，对土壤、气候、水质等环境条件的适应性较强。第 1 生长周期亩产 1010kg，比对照嘎拉增产 12.2%；第 2 生长周期亩产 2000kg，比对照嘎拉增产 17.6%。

二、栽培技术要点

① 园地选择　丘陵坡地，要求活土层达到 40cm，有机质含量 0.8% 以上。平原地区，要求地下水位在 1.5m 以下。

② 栽植　土壤和灌溉条件较好的园地，提倡利用矮化砧木，丘陵山地等土壤相对瘠薄的园地，利用乔化砧木栽植。根据砧木矮化性状和机械化作业要求，确定适宜的株行距。

③ 种植前对土壤进行改良的方法　一是每亩施用2000～3000kg有机肥并深翻；二是以草代肥，一般每亩地施用3000kg的农作物秸秆或者杂草，并配合施用120～140kg纯氮量的速效氮肥，掺土拌匀，浇中量水。

④ 授粉　自授粉，无需再配授粉树。

⑤ 树形管理　乔化砧果园应用自由纺锤形树形，矮化砧果园选用高纺锤形树形。

⑥ 肥水管理　秋季一次性施足基肥，以有机肥为主，每亩2000～3000kg；3～7月花前期、幼果膨大期、采收前一个月进行2～4次追肥，前期每次每株施尿素或磷酸氢二铵50g，后期适当增加磷钾肥，适当叶面追肥。施肥后及时浇水，日常根据土壤墒情及时浇水。

⑦ 花果管理　成花、坐果容易，要及时疏花疏果，20～30cm留一个果，一个果台只留一个健壮果；在花后20天内完成疏花疏果，及时喷洒杀虫杀菌剂，选好药剂避免药害，保护好果实，在喷药2～7天内可以进行果实套袋。采收前15～20天根据情况去除纸袋，并进行适度摘叶、转果，及时浇水、喷药保护。

⑧ 病虫害防治　病害主要有腐烂病、轮纹病、炭疽病、斑点落叶病、褐斑病、白粉病等。虫害主要有蚜虫，红、白蜘蛛，卷叶蛾，金纹细蛾，介壳虫，康氏粉蚧等。要根据情况选择适当的农药及时进行防治。

三、适宜种植区域及季节

适宜在山东和新疆秋季土壤封冻以前和春季土壤化冻后种植。

四、注意事项

在一般管理条件下，该品种定植后2～3年见果。树势生长较旺，注意养分平衡供应，合理平衡负载、防止大小年结果，防止树势衰弱，保证正常结果。雨季注意防治斑点落叶病、霉心病等。建议花期在风力自然传粉基础上放壁蜂等帮助授粉，保证丰产稳产。

第四章

砧木品种

第一节

烟砧一号

← 图 4.1　烟砧一号

← 图 4.2　烟砧一号皮孔

登记编号：GPD 苹果（2018）370005

登记单位：山东省烟台市农业科学研究院

一、特征特性

砧木。经10余年栽培试验，用烟砧一号作中间砧木高抗苹果轮纹病，树干表皮光滑无病疤，嫁接其上的长富2号苹果，枝干和果实轮纹病的感病也极其轻微，而对照树轮纹病病疤遍布枝干，植株对苹果轮纹病表现出极高的抗性，且烟砧一号与海棠和富士嫁接亲和力均好，没有大小脚现象。烟砧一号中间砧盛果期树主干轮纹病发病率为0，病情指数为0，抗病等级为高抗，红富士骨干枝轮纹病发病率为37.6%，病情指数25.8，轮纹病烂果率3.1%，抗病等级为中抗。抗寒、抗旱能力中等。

二、栽培技术要点

平原地栽植株行距为3m×4m，丘陵山地为2.5m×4m，树形宜采用自由纺锤形，定干高度离地面100cm。树体整形基本完成后，每株树共培养12～15个永久性骨干枝，5～8个临时结果枝组。果实全套袋栽培，严格疏花疏果，每20～25cm间距留1个果，每花序均留单果。6月上旬至6月中旬果实套袋。施肥的重点时期为9月下旬和3月上旬，有机肥每亩施3000～5000kg，氮磷钾复合肥按每百千克果10kg施入。病虫害防治坚持“预防为主，综合防治”的植保方针，加强农业防治、生物防治、物理防治和化学防治的协调与配套，根据病虫害的发生规律和经济阈值，科学使用化学农药。

三、适宜种植区域及季节

适宜在山东省、陕西省、河北省、山西省、甘肃省的苹果适生区种植，宜春季栽植。

四、注意事项

烟砧一号中间砧苗木植株主干轮纹病发病极为轻微，重点要防治苹果叶片类和其他果实类病虫害。

第二节 三海

登记编号：GPD 苹果（2020）370001
品种来源：用八棱海棠为寄生砧嫁接 M9 接穗，育成苹果矮化砧木新品种——三海
申请者：于洪和

一、特征特性

苹果砧木。该品种为苹果矮化砧，砧苗比较粗壮，一年生枝红褐色，平均节间长 1.7cm，节位基部隆起，皮孔少。叶片椭圆形，长宽比为 1∶0.7，先端渐尖，基部圆形，叶缘复锯齿，粗钝，质地厚，油绿色，有光泽，叶脉下陷，有皱褶，叶柄基部紫红色，叶柄长 2cm。可溶性固形物含量 14.3%，可滴定酸含量 4.81%，平均单果重 304.9g，果形为长圆形。抗再植病，抗斑点落叶病。

二、栽培技术要点

苹果矮化砧木与品种不同，有 6 项标准：

① 生长势　生长势强，1 ~ 5 年与乔化砧无差别，品种可嫁接在矮化砧分枝上，易修剪出理想的树形，开花结果后逐年恢复矮化性质，6 ~ 8 年是矮化苹果树，根系发达，树体不倾斜，树的寿龄可达 30 年。

② 亲和性　八棱海棠为基砧嫁接 MP 接穗成活率为 98%，无根蘖发生，干性强与品种嫁接成活率为 100%，嫁接口无肿瘤。

③ 整齐度　变异的三海苹果矮化砧木新品种，是树条繁殖的砧苗，比种繁殖的整齐度高。

④ 丰产性　密植栽培早期产量比传统稀植栽培高 10%，同样管理条件下，乔化砧苹果树有大小年结果现象，矮化砧苹果树无大小年结果现象。

⑤ 苹果质量　同一个品种嫁接在（三海）苹果矮砧分枝上，叶片稀 20%，光照好，果实着色好。

⑥ 繁殖　一般可自繁自栽。

第五章

加工型品种

第一节

烟脆1号

↑ 图 5.1　**烟脆 1 号切面图**

← 图 5.2　**烟脆 1 号果实**

登记编号： GPD 苹果（2019）370009

品种来源： 粉红女士 × 天星

登记单位： 山东省烟台市农业科学研究院

↑ 图 5.3　烟脆 1 号结果树

一、特征特性

鲜食、加工。树势强健，果实长圆锥形，高桩，果形指数 0.95；表面光滑，有蜡质，皮孔稀、中大，底色黄绿，着鲜红色，片红，着色面积达 95% 以上；平均单果重 234.2g；果肉黄白色，脆、多汁，肉质细腻，酸甜适口，有香味，出汁率为 58.5%；自然条件下可贮藏至第 2 年 3 月份，风味浓郁；加工苹果脆片产出率为 12.76%，还原糖含量 58.23mg/100g，粗纤维含量 4.65g/100g，粗蛋白含量 3.18g/100g，粗脂肪含量为 0.36g/100g，脆片乳黄色，脆度大、酸甜适中。可溶性固形物含量 14.5%，可溶性总糖含量 11.3%，可滴定酸含量 0.90%，维生素 C 含量 4.53mg/100g，果肉硬度 9.2kg/cm^2。在药物防治措施相同的情况下，烟脆一号对轮纹病、腐烂病的抗性优于红富士品种，多年生树上尚未见轮纹病瘤和腐烂病疤；对苹果斑点落叶病、褐斑病的抗性较强，高抗炭疽叶枯病，抗寒、抗旱能力中等。第 1 生长周期亩产 1950kg，比对照皮诺娃减产 8.9%；第 2 生长周期亩产 3980kg，比对照皮诺娃减产 5.7%。

二、栽培技术要点

可以八棱海棠实生砧木为基砧，定植株行距以（2 ~ 2.5）m×4m 为宜，采用 M26、M9 矮化砧，株行距以 1.5m×4m 为宜，树形采用自由纺锤形。建园时建议采用起垄栽培模式，行间种植黑麦草或鼠茅草，有条件的果园可安装肥水一体化设施或微喷灌溉设施，提高肥水利用效率。为提高果实品质，秋施基肥时，建议每株盛果期的树可增施 3.0kg 的稻壳炭肥。该品种为极易着色品种，可以进行无套袋栽培，提高果实的口感品质。

三、适宜种植区域及季节

适宜在山东、甘肃、辽宁、云南、河北苹果适栽区春季种植。

四、注意事项

可作为富士、红将军等品种的授粉树。

第二节

烟脆2号

↑ 图 5.4　**烟脆 2 号切面图**

登记编号：GPD 苹果（2019）370008

品种来源：烟富 6× 红玉

登记单位：山东省烟台市农业科学研究院

← 图 5.5 烟脆 2 号果实

↓ 图 5.6 烟脆 2 号结果树

一、特征特性

鲜食、加工。该品种幼树生长势强健，树姿较直立，干性中强；果实近圆形，高桩，果形指数 0.89，果实大型，平均单果重 252.6g，果面底色黄绿，果实成熟时鲜红色，果面光亮洁净无锈，外观美丽，全红果比例达 90%。果肉乳黄色，肉质硬，酸甜适口，肉质细腻，无渣，肉脆多汁，出汁率为 64.2%。果实耐贮性好，自然条件下可贮藏至第 2 年 5 月，风味浓郁。苹果成熟鲜果加工脆片产出率为 13.75%，膨化度为 14.68%，还原糖含量 42.40mg/100g，粗纤维含量 7.92g/100g，粗蛋白含量 3.18g/100g，粗脂肪含量为 0.40g/100g。脆片乳黄色，产出率高，酸甜适中。可溶性固形物含量 14.9%，可滴定酸含量 0.82%，可溶性总糖含量 11.8%，维生素 C 含量 5.89mg/100g，果肉硬度 8.8kg/cm^2。高抗苹果轮纹病、腐烂病和炭疽叶枯病，抗寒、抗旱能力中等。第 1 生长周期亩产 1860kg，比对照红玉增产 12.7%；第 2 生长周期亩产 4150kg，比对照红玉增产 12.8%。

二、栽培技术要点

对气候、土壤的适应性强，适栽区广，无采前落果现象，对土壤质地要求不严，但喜欢较肥沃的土壤。以八棱海棠实生砧木为基砧，定植株行距以（2 ~ 2.5）m×4m 为宜，采用 M26、M9 矮化砧，株行距以 1.5m×4m 为宜，树形采用自由纺锤形。建园时建议采用起垄栽培模式，行间种植黑麦草或鼠茅草，有条件的果园可安装肥水一体化设施或微喷灌溉设施，提高肥水利用效率。为提高果实品质，秋施基肥时，建议每株盛果期的树可增施 3.0kg 的稻壳炭肥。该品种为极易着色品种，可以进行无套袋栽培，提高果实的口感品质。

三、适宜种植区域及季节

适宜在山东、河北、甘肃、云南、辽宁苹果适栽区春季栽植。

四、注意事项

苹果品种烟脆 2 号的杂交亲本为烟富 6 和红玉，有富士亲本，不宜与红富士品种互作授粉树，可选用专用的海棠授粉品种，也可与嘎拉、美国 8 号、红露等品种互为授粉树。

附　录

《非主要农作物品种登记办法》

第一章　总　则

第一条　为了规范非主要农作物品种管理，科学、公正、及时地登记非主要农作物品种，根据《中华人民共和国种子法》（以下简称《种子法》），制定本办法。

第二条　在中华人民共和国境内的非主要农作物品种登记，适用本办法。

法律、行政法规和农业部规章对非主要农作物品种管理另有规定的，依照其规定。

第三条　本办法所称非主要农作物，是指稻、小麦、玉米、棉花、大豆五种主要农作物以外的其他农作物。

第四条　列入非主要农作物登记目录的品种，在推广前应当登记。

应当登记的农作物品种未经登记的，不得发布广告、推广，不得以登记品种的名义销售。

第五条　农业部主管全国非主要农作物品种登记工作，制定、调整非主要农作物登记目录和品种登记指南，建立全国非主要农作物品种登记信息平台（以下简称品种登记平台），具体工作由全国农业技术推广服务中心承担。

第六条　省级人民政府农业主管部门负责品种登记的具体实施和监督管理，受理品种登记申请，对申请者提交的申请文件进行书面审查。

省级以上人民政府农业主管部门应当采取有效措施，加强对已登记品种的监督检查，履行好对申请者和品种测试、试验机构的监管责任，保证消费安全和用种安全。

第七条　申请者申请品种登记，应当对申请文件和种子样品的合法性、真实性负责，保证可追溯，接受监督检查。给种子使用者和其他种子生产经营者造成损失的，依法承担赔偿责任。

第二章　申请、受理与审查

第八条　品种登记申请实行属地管理。一个品种只需要在一个省份申请登记。

第九条　两个以上申请者分别就同一个品种申请品种登记的，优先受理最先提出的申请；同时申请的，优先受理该品种育种者的申请。

第十条　申请者应当在品种登记平台上实名注册，可以通过品种登记平台提出登记申请，也可以向住所地的省级人民政府农业主管部门提出书面登记申请。

第十一条　在中国境内没有经常居所或者营业场所的境外机构、个人在境内申请品种登记的，应当委托具有法人资格的境内种子企业代理。

第十二条　申请登记的品种应当具备下列条件：

（一）人工选育或发现并经过改良；

（二）具备特异性、一致性、稳定性；

（三）具有符合《农业植物品种命名规定》的品种名称。

申请登记具有植物新品种权的品种，还应当经过品种权人的书面同意。

第十三条　对新培育的品种，申请者应当按照品种登记指南的要求提交以下材料：

（一）申请表；

（二）品种特性、育种过程等的说明材料；

（三）特异性、一致性、稳定性测试报告；

（四）种子、植株及果实等实物彩色照片；

（五）品种权人的书面同意材料；

（六）品种和申请材料合法性、真实性承诺书。

第十四条　本办法实施前已审定或者已销售种植的品种，申请者可以按照品种登记指南的要求，提交申请表、品种生产销售应用情况或者品种特异性、一致性、稳定性说明材料，申请品种登记。

第十五条　省级人民政府农业主管部门对申请者提交的材料，应当根据下列情况分别作出处理：

（一）申请品种不需要品种登记的，即时告知申请者不予受理；

（二）申请材料存在错误的，允许申请者当场更正；

（三）申请材料不齐全或者不符合法定形式的，应当当场或者在五个工作日内一次告知申请者需要补正的全部内容，逾期不告知的，自收到申请材料之日起即为受理；

（四）申请材料齐全、符合法定形式，或者申请者按照要求提交全部补正材料的，予以受理。

第十六条　省级人民政府农业主管部门自受理品种登记申请之日起二十个工作日内，对申请者提交的申请材料进行书面审查，符合要求的，将审查意见报农业部，并通知申请者提交种子样品。经审查不符合要求的，书面通知申请者并说明理由。

申请者应当在接到通知后按照品种登记指南要求提交种子样品；未按要求提供的，视为撤回申请。

第十七条　省级人民政府农业主管部门在二十个工作日内不能作出审查决定的，经本部门负责人批准，可以延长十个工作日，并将延长期限理由告知申请者。

第三章　登记与公告

第十八条　农业部自收到省级人民政府农业主管部门的审查意见之日起二十个工作日内进行复核。对符合规定并按规定提交种子样品的，予以登记，颁发登记证书；不予登记的，书面通知申请者并说明理由。

第十九条　登记证书内容包括：登记编号、作物种类、品种名称、申请者、育种者、品种来源、适宜种植区域及季节等。

第二十条　农业部将品种登记信息进行公告，公告内容包括：登记编号、作物种类、品种名称、申请者、育种者、品种来源、特征特性、品质、抗性、产量、栽培技术要点、适宜种植区域及季节等。

登记编号格式为：GPD + 作物种类 +（年号）+ 2 位数字的省份代号 + 4 位数字顺序号。

第二十一条　登记证书载明的品种名称为该品种的通用名称，禁止在生产、销售、推广过程中擅自更改。

第二十二条　已登记品种，申请者要求变更登记内容的，应当向原受理的省级人民政府农业主管部门提出变更申请，并提交相关证明材料。

原受理的省级人民政府农业主管部门对申请者提交的材料进行书面审查，符合要求的，报农业部予以变更并公告，不再提交种子样品。

第四章　监督管理

第二十三条　农业部推进品种登记平台建设，逐步实行网上办理登记申请与受理，在统一的政府信息发布平台上发布品种登记、变更、撤销、监督管理等信息。

第二十四条　农业部对省级人民政府农业主管部门开展品种登记工作情况进行监督检查，及时纠正违法行为，责令限期改正，对有关责任人员依法给予处分。

第二十五条　省级人民政府农业主管部门发现已登记品种存在申请文件、种子样品不实，或者已登记品种出现不可克服的严重缺陷等情形的，应当向农业部提出撤销该品种登记的意见。

农业部撤销品种登记的，应当公告，停止推广；对于登记品种申请文件、种子样品不实的，按照规定将申请者的违法信息记入社会诚信档案，向社会公布。

第二十六条　申请者在申请品种登记过程中有欺骗、贿赂等不正当行为的，三年内不受理其申请。

第二十七条　品种测试、试验机构伪造测试、试验数据或者出具虚假证明的，省级人民政府农业主管部门应当依照《种子法》第七十二条规定，责令改正，对单位处五万元以上十万元以下罚款，对直接负责的主管人员和其他直接责任人员处一万元以上五万元以下罚款；有违法所得的，并处没收违法所得；给种子使用者和其他种子生产经营者造成损失的，与种子生产经营者承担连带责任。情节严重的，依法取消品种测试、试验资格。

第二十八条　有下列行为之一的，由县级以上人民政府农业主管部门依照《种子法》第七十八条规定，责令停止违法行为，没收违法所得和种子，并处二万元以上二十万元以下罚款：

（一）对应当登记未经登记的农作物品种进行推广，或者以登记品种的名义进行销售的；

（二）对已撤销登记的农作物品种进行推广，或者以登记品种的名义进行销售的。

第二十九条　品种登记工作人员应当忠于职守，公正廉洁，对在登记过程中获知的申请者的商业秘密负有保密义务，不得擅自对外提供登记品种的种子样品或者谋取非法利益。不依法履行职责，弄虚作假、徇私舞弊的，依法给予处分；自处分决定作出之日起五年内不得从事品种登记工作。

第五章　附　则

第三十条　品种适应性、抗性鉴定以及特异性、一致性、稳定性测试，申请者可以自行开展，也可以委托其他机构开展。

第三十一条　本办法自 2017 年 5 月 1 日起施行。